SCHNITTKONSTRUKTION IN DER MODE

HOSEN

Die französischsprachige Ausgabe dieses Buches erschien 2021 unter dem Titel „Je trace mes patrons: le pantalon" bei Éditions Eyrolles.

Grafische Gestaltung und Layout: Nord Compo

Bildnachweise
Sämtliche Illustrationen stammen von der Autorin – mit Ausnahme von Bild 23, S. 25, © Éditions Eyrolles.

Aus dem Französischen von der MCS Schabert GmbH, München, – www.mcs-schabert.de – unter Mitarbeit von Katrin Marburger (Übersetzung).

Bibliografische Information der Deutschen Nationalbibliothek
Die Deutsche Nationalbibliothek verzeichnet diese Publikation in der Deutschen Nationalbibliografie; detaillierte bibliografische Daten sind im Internet über http://dnb.dnb.de abrufbar.

Printed in Germany

www.stiebner.com

ISBN: 978-3-8307-2115-4

Wir produzieren unsere Bücher mit großer Sorgfalt und Genauigkeit. Trotzdem lässt es sich nicht ausschließen, dass uns in Einzelfällen Fehler passieren. Unter www.stiebner.com/errata/2115-4.html finden Sie eventuelle Hinweise und Korrekturen zu diesem Titel. Möglicherweise sind die Korrekturen in Ihrer Ausgabe bereits ausgeführt, da wir vor jeder neuen Auflage bekannte Fehler korrigieren. Sollten Sie in diesem Buch einen Fehler finden, so bitten wir um einen Hinweis an verlag@stiebner.com. Für solche Hinweise sind wir sehr dankbar, denn sie helfen uns, unsere Bücher zu verbessern.

Teresa Gilewska

SCHNITTKONSTRUKTION IN DER MODE

HOSEN

Grundschnitt, Passform und Anpassungen

stiebner

VORWORT

Im Laufe meiner Karriere als Modedesignerin und Schnittdirektrice habe ich oft erfahren, wie wahr es ist, dass die Theorie nur einen Teil des Könnens ausmacht – alles andere ist praktische Erfahrung. Meiner Ansicht nach trifft dies in besonderem Maße auf die Ausbildung zu.
Die Konstruktion von Grundschnitten ist im Prinzip ziemlich logisch, und man kann sie leicht erlernen, indem man sich die einzelnen Schritte ins Gedächtnis einprägt.
Um einen Grundschnitt in einen beliebigen fertigen Modellschnitt abzuwandeln, benötigt man hingegen nicht nur gute Kenntnisse der Konstruktion, sondern vor allem viel praktische Erfahrung. Damit diese komplexe Arbeit gelingt und man Fortschritte in der Ausbildung macht, muss man sich unbedingt selbstständig darin üben.
Schnittumwandlung bedeutet, ständig nach Lösungen zu suchen, Dinge zu überprüfen oder neue Ideen umzusetzen.
Dies ist ein so weites Feld, dass immer wieder jeder Schritt gut durchdacht sein muss, was ein hohes Maß an persönlichem Engagement erfordert.
Aus diesem Grund habe ich beschlossen, diese neue Buchreihe *Schnittkonstruktion in der Mode* zu verfassen, in der Schritt für Schritt erklärt wird, wie man Grundschnitte von Oberteilen, Ärmeln, Röcken und Hosen abwandelt. Darin erfahren Sie alles, was Sie wissen müssen, um sich selbstständig weiterzuentwickeln – ganz gleich, ob Sie eine Ausbildung machen, gerade hobbymäßig mit dem Nähen beginnen oder schon Profi sind.
In den ersten beiden Teilen des Buches werden ganz einfach und ausführlich die Grundlagen des Maßnehmens und der Konstruktion eines Hosengrundschnitts beschrieben.
Im dritten Teil geht es um die verschiedenen Techniken der Grundschnittabwandlung: Einschnittlinien, Ausstellen an vorhandenen Linien oder an Einschnittlinien, Zulegen, Drehen oder Verlegen von Abnähern, Erweitern, Hinzufügen von Taschen oder Aufschlägen am Hosensaum, Anbringen von Falten oder Raffungen etc.
Im letzten Teil erfahren Sie schließlich, was bei der Konstruktion eines Hosenfutters zu beachten ist. Die größte Schwierigkeit ist nicht, die Techniken der Schnittabwandlung zu beherrschen, sondern zu wissen, welche Techniken man auswählen muss, um einen Schnitt für genau das gewünschte Modell zu konstruieren.
Um Ihnen dabei zu helfen, dieses Wissen zu erwerben, finden Sie in diesem Buch am Beispiel ganz verschiedener Hosenmodelle ausführliche Erklärungen und Modellanalysen, aus denen Sie dann ableiten können, welche Abwandlungstechniken in jedem einzelnen Fall anzuwenden sind.
Wenn Sie erst mit dieser Vorgehensweise vertraut sind, sind Sie – so hoffe ich – in der Lage, selbst die verschiedensten Modelle anzufertigen. Damit hätte ich mein Ziel erreicht.

Teresa Gilewska

INHALT

ALLGEMEINES

Die Hose ist fester Bestandteil der weiblichen Garderobe und wird ebenso häufig getragen wie der Rock. Sie kann aus ausnahmslos allen Stoffen genäht werden.

Die Anfertigung einer Hose mag ziemlich kompliziert wirken, doch das Zeichnen des Grundschnitts nach Standardmaßen stellt in der Regel kein besonderes Problem dar. Für die Konstruktion eines Hosenschnitts nach individuellen Maßen bedarf es hingegen schon deutlich mehr Überlegungen, nicht nur bei stärkeren Figuren (große Größen), sondern bei beliebigem Körperbau.

Für die weniger Erfahrenen empfiehlt es sich oft eher, den Grundschnitt bei einer Anprobe direkt am Körper zu korrigieren und anzupassen als zu versuchen, die verschiedenen Eigenheiten einer Figur auf die Schnittzeichnung zu übertragen. Letzteres erfordert großes Wissen und Können.

Das Zeichnen eines Hosenschnitts verlangt große Sorgfalt; daher müssen Sie die Anweisungen in diesem Kapitel unbedingt genau befolgen. Sie müssen jeden Teil der Erläuterungen nachvollziehen können und Schritt für Schritt die Bedeutung jeder einzelnen Linie auf dem Schnittmuster begreifen.

Anmerkung

Zur Anpassung des Hosengrundschnitts und zur Korrektur der häufigsten Fehler siehe *Schnittkonstruktion in der Mode – Maßschnitte* von Teresa Gilewska (Stiebner Verlag).

BESONDERHEITEN DER HOSE

Wenn man eine Hose anfertigen möchte, muss man wie bei allen anderen Kleidungsstücken auch zunächst einen Grundschnitt zeichnen, d. h. die individuellen Körpermaße oder Standardmaße auf einen Schnittmusterbogen übertragen und so das Grundgerüst einer Figur zweidimensional abbilden.
Bei der Hosenkonstruktion gibt es keine strikten Regeln oder strategischen Punkte, die man unbedingt berücksichtigen muss, wie die Abnäherinhalte oder die Neigung bestimmter Linien am Oberteil.
Der gute Sitz und die schöne Passform einer Hose hängen zum großen Teil von Form und Breite des Hosenausschnitts (Schrittnaht) ab.
Da der hintere und vordere Hosenausschnitt an den individuellen Körperbau angepasst werden, dürfen sie im Laufe der Schnittabwandlung nicht mehr verändert werden.
Wie alle anderen Schnittzeichnungen enthält auch die Zeichnung der Grundschnittabwandlung auf dem Schnittmusterbogen keine Weitenzugaben und keine Nahtzugaben. Die Weitenzugaben hängen vom jeweiligen Modell ab, also vom Stil der Hose, und die Nahtzugaben werden erst im letzten Schritt der Schnittabwandlung angefügt.
Die gleichmäßige Verteilung der Weite auf beiden Seiten des Hosenbruchs hängt oft von der Form der Beine ab (O-Beine etc.). Eine Angleichung des Hosenbruchs betrifft meist die untere Hosenpartie (vom Knie bis zum unteren Saum). Diese Bestimmung und Angleichung des Hosenbruchs werden ausschließlich bei der Anprobe vorgenommen.
Die Konstruktion des Grundschnitts und die Durchführung der Abwandlungen sind nicht komplizierter als bei Oberteil, Ärmel oder Rock, wenn man sich die Zeit nimmt, die Bedeutung und Relevanz jeder einzelnen gezeichneten Linie und jedes verwendeten Körpermaßes zu verstehen.

TAILLENLINIE

Die Hose wird in der Taille gehalten; die leicht geschwungene Taillenlinie ist ein entscheidendes Element. Um eine bequeme, gut sitzende Hose zu erhalten, die weder an der Schrittnaht kneift noch die Bewegung der Beine beeinträchtigt, muss man die Taillenlinie sehr sorgfältig konstruieren. Bei der Konstruktion des Hosengrundschnitts wird die Taillenlinie rechtwinklig zum Hosenbruch gezeichnet, damit die Hose zunächst von einer Waagrechten aus lotrecht nach unten fällt (siehe die Konstruktion auf S. 31, **Bild 4**).

In Wirklichkeit verläuft die Taillenlinie am Körper nicht streng horizontal. Ihre Position wird von der Körperhaltung einer Person bestimmt (**Bild 1A**, **B** und **C**), aber auch von der individuellen Art, eine Hose zu tragen: oberhalb oder unterhalb der Taillenlinie, z. B. bei einer Figur mit stärkerem Bauch. Daher ist es notwendig, die Form der Taillenlinie anzugleichen. Wenn sie nicht korrigiert und an die jeweilige Körperform angepasst wird, beeinträchtigt dies den Fall der Hose: Die Hose fällt nicht mehr gerade, sondern verrutscht nach vorn (**Bild 1C**) oder nach hinten (**Bild 1B**). In der Regel betrifft die Anpassung gemäß den individuellen Eigenarten einer Figur nur die vordere Mitte der Taillenlinie.

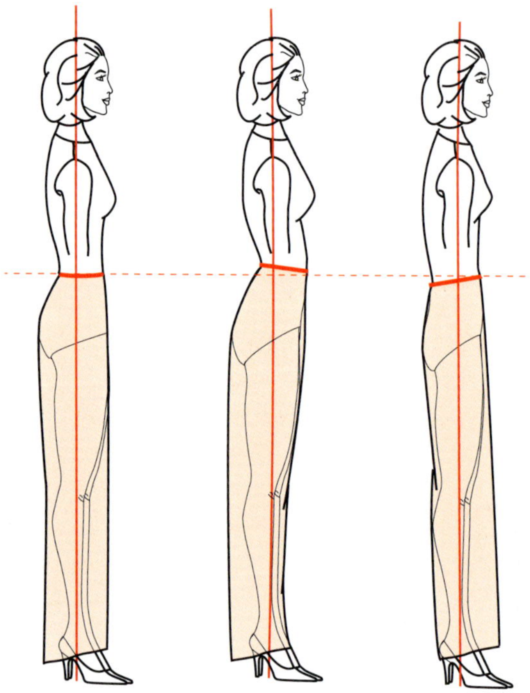

A B C

Bild 1

Daher ist es für die Konstruktion eines guten Maßschnitts sehr wichtig, die Taillenlinie an der Figur genau zu bestimmen. Um festzustellen, ob die Taillenlinie waagrecht verläuft oder ob sie vorn vertieft oder erhöht werden sollte, gehen Sie wie folgt vor: Legen Sie eine Schnur genau waagrecht um die Taille (**Bild 2**, in Rot). Legen Sie eine zweite Schnur rings um die Taille einer gewöhnlich getragenen Hose (**Bild 2**, in Grün). Messen Sie nun den Abstand zwischen den beiden Schnüren und notieren Sie das Maß. Dieses Maß muss bei der Konstruktion des Hosengrundschnitts verwendet werden (siehe S. 34, **Bild 9**).

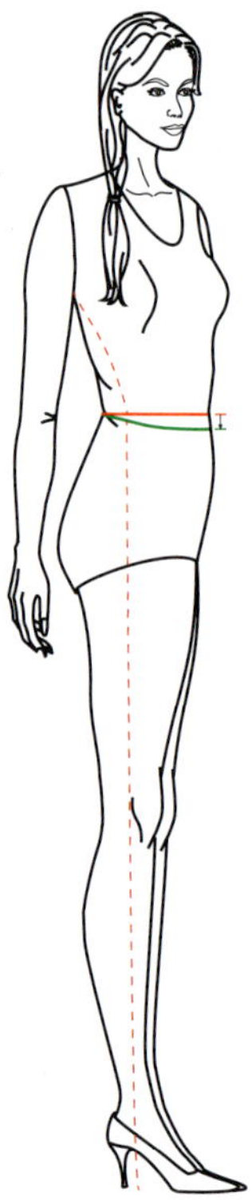

Bild 2

VORDER- UND HINTERHOSENBRUCH

Der Hosenbruch ist eines der wichtigsten Elemente der Hose. An einer eleganten Hose kann dieser Bruch eingebügelt werden (Bügelfalte), an einer legeren Hose wie einer Jeans ist er hingegen unsichtbar. In jedem Fall spielt er jedoch bei der Konstruktion der Hose und der Anpassung an die Figur eine entscheidende Rolle. Die Linie des Hosenbruchs gilt als Referenzlinie, die den Fall der Hose bestimmt.

Bild 3

Vorderhosenbruch

Wenn der Hosenschnitt korrekt konstruiert wird, dürfte die Linie des Hosenbruchs kein größeres Problem darstellen. Diese Linie wird ab der Taille gezeichnet, etwa ab der Hälfte des ab der vorderen Mitte gemessenen Brustpunktabstands. Sie verläuft senkrecht über die gesamte Hosenlänge (**Bild 3**).

In einigen Spezialfällen verläuft diese Linie jedoch nicht senkrecht, selbst wenn alle Regeln der Schnittkonstruktion genau befolgt wurden. Man sieht deutlich, dass der Hosenbruch etwa ab der Höhe der Schrittlinie nach außen oder nach innen abweicht (**Bild 4**).

Meist ist die Ursache für diesen sichtbaren Mangel, der die Ästhetik beeinträchtigt, die Form der Beine der betreffenden Person: X-Beine (**Bild 5B**) oder O-Beine (**Bild 5C**).

Die Bestimmung des korrekten Verlaufs des Hosenbruchs ist dennoch möglich, jedoch nur bei einer Anprobe direkt am Körper.

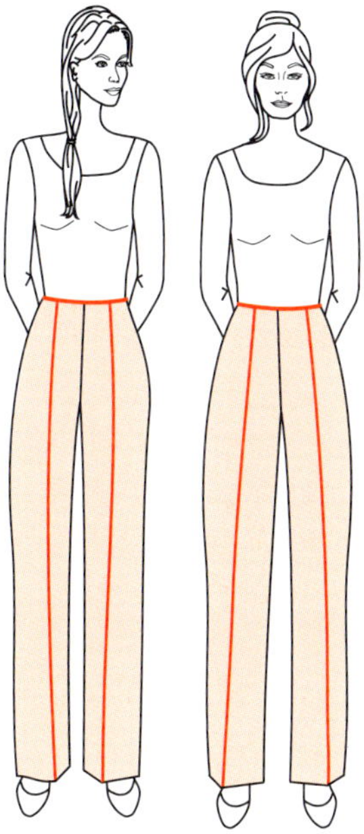

Bild 4

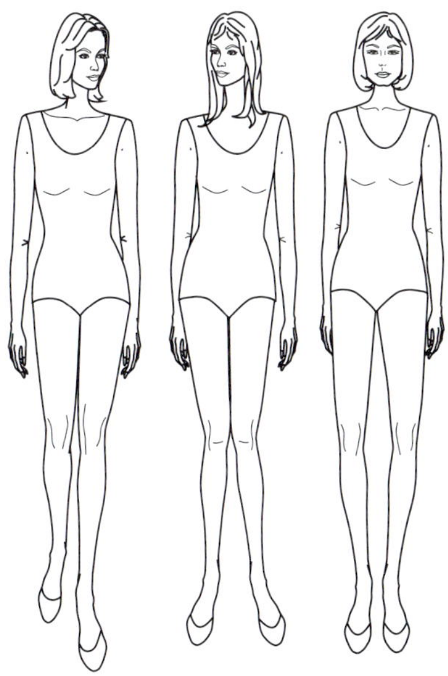

A B C

Bild 5

Hinterhosenbruch

Die verschiedenen Platzierungen des Hinterhosenbruchs (**Bild 6**, schwarze, grüne oder blaue Linien) führen oft zu der Frage, ob ein Hosenschnitt wirklich korrekt ist.

Diese Verunsicherung zeugt jedoch nur von einer gewissen Unkenntnis im Bereich der Maßschnittkonstruktion.

Ob ein Hosenschnitt korrekt ist oder nicht, darf nicht anhand der Platzierung der Linie des Hinterhosenbruchs auf der rückwärtigen Taillenlinie beurteilt werden, denn die Position des Hinterhosenbruchs wird ausschließlich durch den Gesäßumfang bestimmt.

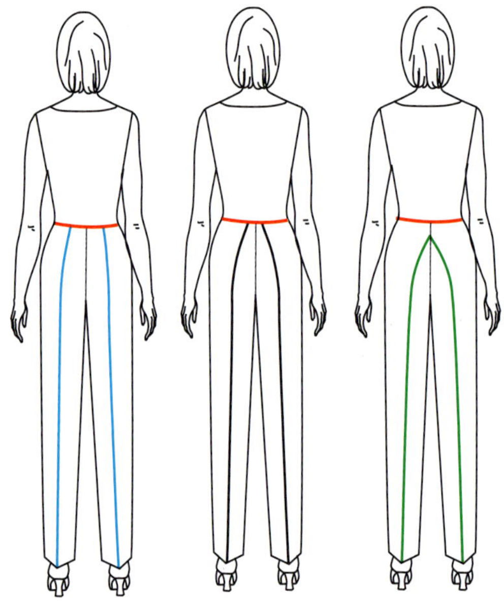

Bild 6

Die hintere Mitte der Hose wird in Form einer Geraden gezeichnet, deren Neigung von den individuellen Körpermaßen abhängt. Das Zusammenfügen der rechten und linken Hosenpartie erfolgt an einer senkrechten Linie an der hinteren Mitte; dies ist die hintere Schrittnaht.

Bild 7 zeigt die obere Partie des rückwärtigen Hosenschnittteils mit dem in Rot eingezeichneten Hinterhosenbruch. Die Neigung der oberen Partie der Hinterhose verändert sich je nach Gesäßumfang: Die blaue Linie zeigt ein Schnittmuster für ein flaches Gesäß. Die schwarze und die grüne Linie zeigen Schnittmuster für eine mehr oder weniger starke Gesäßform. Der ab der Taillenlinie gezeichnete Hosenbruch beider Beine nähert sich immer weiter der hinteren Mitte an und beginnt bei sehr ausgeprägtem Gesäß schließlich am Hinterhosenausschnitt (**Bild 7**, grüne Linie).

Umgekehrt bedeutet dies: Wenn der hintere Hosenbruch an der gesamten Länge der Hose genau senkrecht verläuft, wurde er je nach individuellem Körperbau ab der Taillenlinie (in Blau) oder ab dem Hinterhosenausschnitt (in Grün) konstruiert.

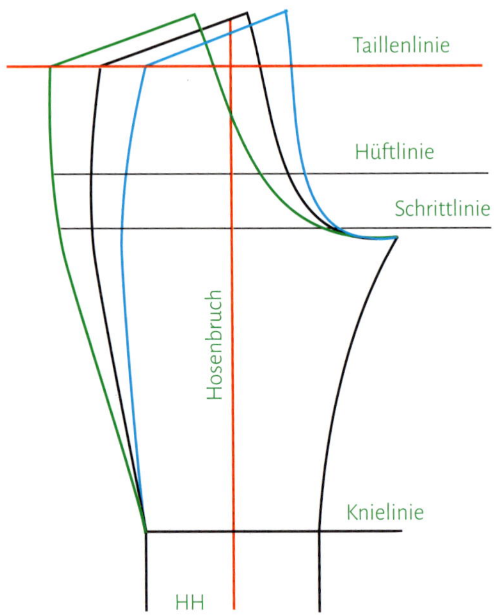

Bild 7

Tipp

Anprobe, Überarbeitung und Korrektur von Hosen-Maßschnitten werden sehr detailliert im Buch *Schnittkonstruktion in der Mode – Maßschnitte* von Teresa Gilewska (Stiebner Verlag) behandelt.

Hosenlänge

In der Regel wird die Hosenlänge an der Seite des Körpers gemessen, und zwar ab der Taille bis zur gewünschten Länge der Hose. Dieses offensichtlich ganz einfach zu erhebende Maß ist für die Konstruktion des Hosengrundschnitts sehr zuverlässig. Es wird bei der Anprobe noch angepasst. Bei einer Schnittabwandlung für ein gewünschtes Modell ist die Anwendung dieses Maßes hingegen nicht ganz korrekt. Tatsächlich hängt das Maß der Hosenlänge von der Art des Saumabschlusses ab: mit oder ohne Aufschlag, gerade oder schräge Saumlinie, Absatzhöhe, die zu der Hose getragen werden soll, etc. (**Bild 8**). All diese Faktoren müssen also bei der Bestimmung der Hosenlänge beachtet werden: Es genügt nicht, nur die Saumlinie einzuzeichnen, sondern auch die Höhe eventueller Elemente wie einem einfachen oder doppelten Aufschlag muss berücksichtigt werden.

Bild 8

MAẞNEHMEN

FÜR DIE HOSE

Die Konstruktion des Hosengrundschnitts erfolgt in zwei Teilen: Im ersten Teil wird die Partie von der Taille bis zur Schrittlinie konstruiert, im zweiten Teil das gesamte Bein.
Die erste Partie muss ein möglichst exaktes Abbild des Körpers darstellen, für den der Hosenschnitt konstruiert wird, während die zweite Partie durch gerade Linien die Form des Beines wiedergibt.
Für eine korrekte Konstruktion der Hose werden also zwei Arten von Maßen benötigt: die reinen Konstruktionsmaße und die Maße, mit deren Hilfe die Linien des Schnittes je nach der individuellen Körperform überprüft und korrigiert werden können.

Wenn die Zeichnung des Hosenschnitts als eine der kompliziertesten gilt, so ist dies sicherlich der Grund dafür. Je nach Konstruktionstechnik können die erhobenen Maße mehr oder weniger präzise sein.
Im Verlauf dieses Kapitels wird jedes einzelne für die Schnittkonstruktion verwendete Maß ausführlich erläutert (Bild 9). Nehmen Sie sich unbedingt die Zeit, jedes dieser Maße wirklich zu begreifen, denn von diesem Verständnis hängt das Endergebnis Ihrer Schnittkonstruktion ab.

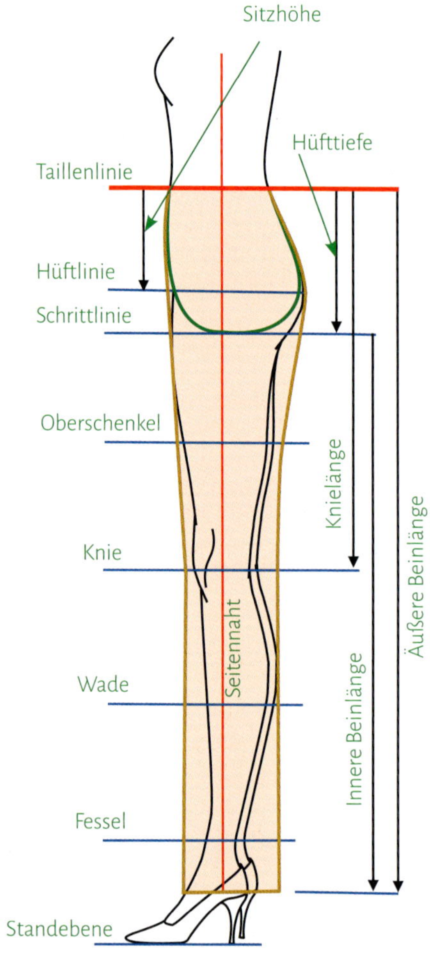

Bild 9

LÄNGENMAßE

Hüfttiefe

Die Hüftlinie ist eine Konstruktionslinie, auf der das Maß der Hüftweite abgetragen wird. Sie verläuft parallel zur Taillenlinie. Die Platzierung dieser Linie ist von großer Bedeutung. In den meisten Fällen ist es nicht einfach, die Hüfttiefe, also den Abstand der Hüftlinie zur Taillenlinie, korrekt zu bestimmen, da sie von Gesäßform und -volumen und vor allem von der flachen Partie des Gesäßes abhängt, die 5 bis 8 cm beträgt. Die Hüfttiefe ist also variabel.

Die Variabilität dieses Maßes spielt für die Schnittkonstruktion keine Rolle, hat jedoch entscheidende Konsequenzen für die Platzierung der oberen Hüftlinie: Diese muss immer genau in der Mitte zwischen Taillen- und Hüftlinie platziert werden.

Gemäß dem IFTH (Institut français du textile et de l'habillement), das die Tabelle der Standardmaße festlegt, liegt die Hüftlinie bei allen Figurtypen zwischen 17 und 23 cm unterhalb der Taillenlinie. Auf dieser Basis und um Fehler bei der Platzierung der Linien zu vermeiden, wird die Hüfttiefe auf 20 cm festgelegt (dies entspricht dem Durchschnitt der Standardmaße, also [17 + 23] ÷ 2 = 20). Dies ist das in der Schnittentwicklung und bei den verschiedenen Methoden der Grundschnittkonstruktion am meisten angewendete Maß.

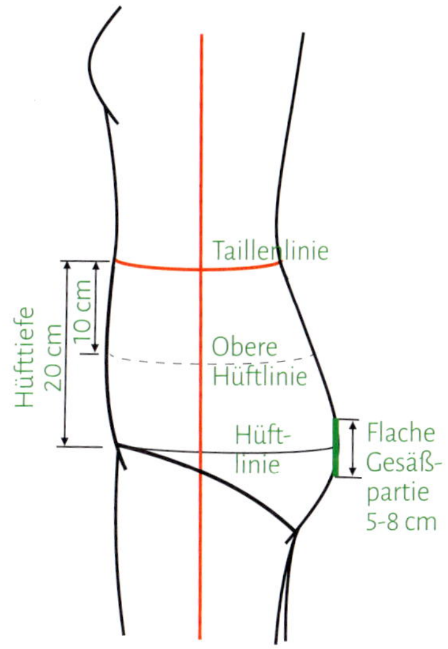

Bild 10

Höhe der oberen Hüftlinie

Die obere Hüftlinie liegt stets genau in der Mitte zwischen Taillen- und Hüftlinie. Sie gilt nicht als Konstruktionslinie, da sie nur bei Bedarf auf dem Schnittmuster eingezeichnet wird. In bestimmten Fällen wird sie unbedingt benötigt: zum Anbringen von Taschen (**Bild 11A**), eines Sattels (**Bild 11B**) oder zum Absenken der Taillenlinie (**Bild 11C**, vertiefte Taille).

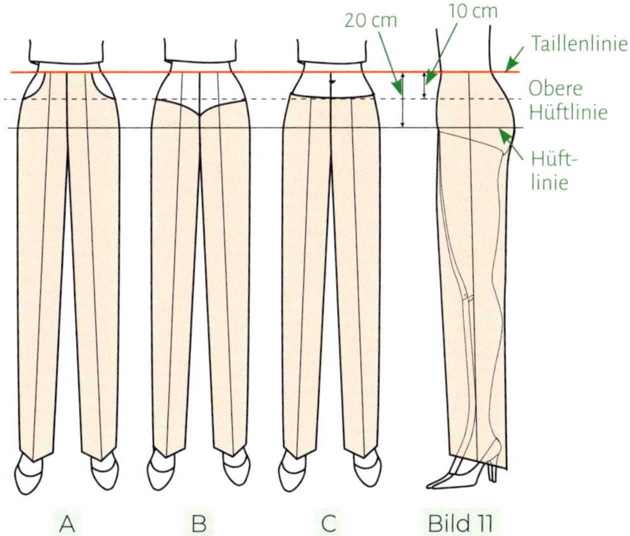

Bild 11

Sitzhöhe

Bei der Konstruktion des Hosenschnitts dient das Maß der Sitzhöhe (auch Leibhöhe) dazu, die Schrittlinie zu bestimmen, die der Ausgangspunkt der Konstruktionslinien für die Beine sowie der Rundung des vorderen und hinteren Hosenausschnitts (Schrittnaht) ist.
Die Sitzhöhe ist nicht ganz einfach zu messen, da es fast unmöglich ist, den exakten Ausgangspunkt zu bestimmen. Er befindet sich in Höhe des Schrittes, doch der – nach welcher Methode auch immer – erhobene Wert bleibt ein Näherungswert. Er muss daher bei der Anprobe korrigiert werden.
Unter den zahlreichen Methoden zur Bestimmung der Sitzhöhe direkt am Körper gibt es zwei, die am gebräuchlichsten sind: Bei der einen wird im Stehen gemessen, bei der anderen im Sitzen.

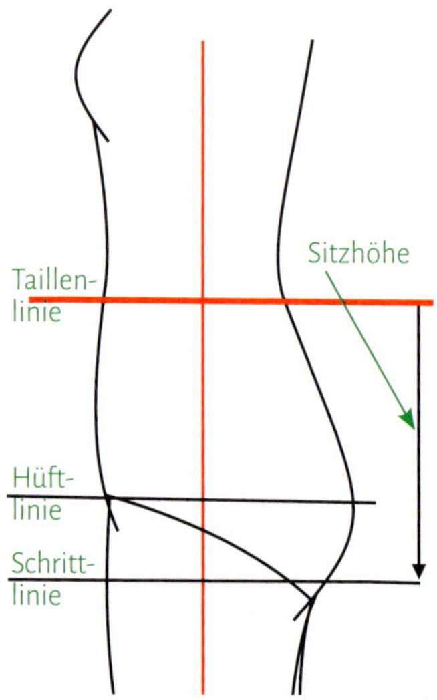

Bild 12

Messung im Sitzen

Die Messung im Sitzen ist sehr leicht durchzuführen, doch das Ergebnis ist dabei nicht ganz exakt, da es die Bewegungszugabe in der Höhe enthält. Diese Zugabe wird nicht überprüft (nicht präzise beziffert) und hängt von der Stärke der Figur ab, insbesondere von der Stärke des Gesäßes, aber zum Teil auch der Oberschenkel. Je größer die Konfektionsgröße (40, 42, 44 etc.), desto größer ist auch die Zugabe. Diese Erhöhung des Messwerts wirkt sich direkt auf den Verlauf der Schrittnaht aus, die sich dadurch in Richtung Schrittspitze verlängert. Dadurch gerät die gesamte Konstruktion aus dem Gleichgewicht, sodass die Hose später nicht gut sitzt. Daher eignet sich die Messung im Sitzen vor allem für schlanke Figuren ohne ausgeprägte Rundungen, insbesondere an Gesäß und Oberschenkeln.
Um die Sitzhöhe im Sitzen abzumessen, setzt sich die abzumessende Person auf eine gerade, feste Oberfläche (z. B. einen Hocker). Dann wird von der Taillenlinie bis zur Sitzfläche gemessen, und zwar entweder an der Seite oder an der hinteren Mitte (**Bild 13B**).

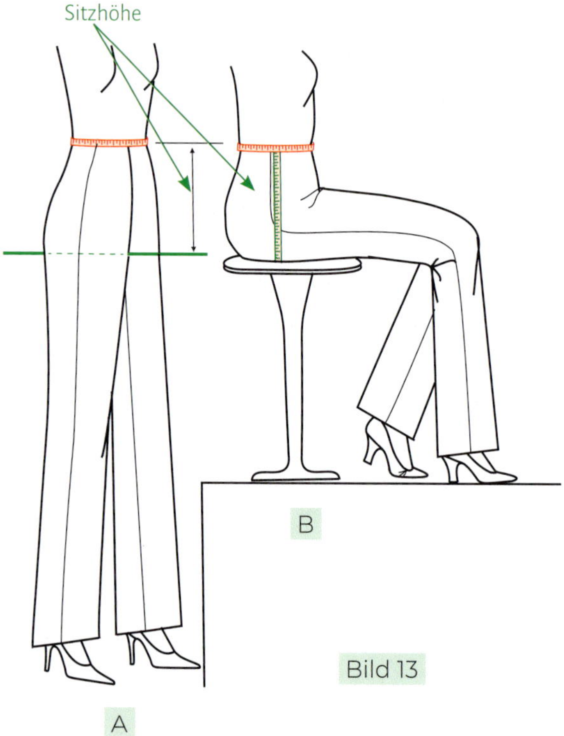

Bild 13

Messung im Stehen

Diese Art zu messen ist schwieriger, dafür ist das erhaltene Maß genauer. Diese Methode eignet sich für jeden Figurtyp, da dabei – anders als bei der Messung im Sitzen – die Stärke von Gesäß und Oberschenkeln nicht mit einbezogen wird.

Um die Sitzhöhe im Stehen zu messen, wird zunächst ein dünner, aber ganz gerader Stock (z. B. ein Besenstiel) zwischen den leicht gespreizten Beinen der abzumessenden Person platziert, und zwar unbedingt genau waagrecht. Nun wird der Abstand zwischen der Taillenlinie und dem Stock gemessen (**Bild 13A**).

Die Schwierigkeit liegt dabei darin, den Stock in Schritthöhe exakt waagrecht zu halten. Wird er ganz leicht schräg gehalten, auch wenn es nur um 2 Grad ist, verfälscht dies sofort den Messwert. Dieser Fehler wirkt sich unmittelbar auf den Verlauf der Schrittnaht aus, die sich dadurch in Richtung der Schrittspitze um 2 bis 3 cm verlängert.

Dadurch gerät die gesamte Konstruktion aus dem Gleichgewicht, sodass die Hose später nicht gut sitzt. Manchmal ist es nicht möglich, diesen Fehler bei der Anprobe zu korrigieren.

Kniélänge

Bei der Zeichnung des Hosengrundschnitts ist die Knielinie am unteren Ende der Kniélänge (auch Knietiefe oder Höhe Taille–Knie) eine obligatorische Konstruktionslinie. Die Linie des unteren Hosenbeins wird ab der Knielinie senkrecht nach unten abgewinkelt. Dies ist so ähnlich wie z. B. Hüfttiefe und Hüftlinie beim Rock, von der aus die vertikalen Linien des Rockes abgewinkelt werden.

Dieses Maß ist auch notwendig, um die untere Grenze der an der oberen Hosenpartie angefügten Bewegungszugaben zu markieren, die für den Tragekomfort der Hose unverzichtbar sind.

Da die beiden Endpunkte der Kniélänge, die Taille und das Knie, leicht zu bestimmen sind, ist die Messung der Kniélänge nicht schwierig, und der erhobene Wert ist in der Regel exakt.

Zum Abmessen das Maßband seitlich an der Taille der abzumessenden Person anlegen und senkrecht nach unten führen. In Höhe der Knierundung den Wert ablesen. Bei leicht gebeugtem Bein lässt sich das Maß einfacher bestimmen (**Bild 14**).

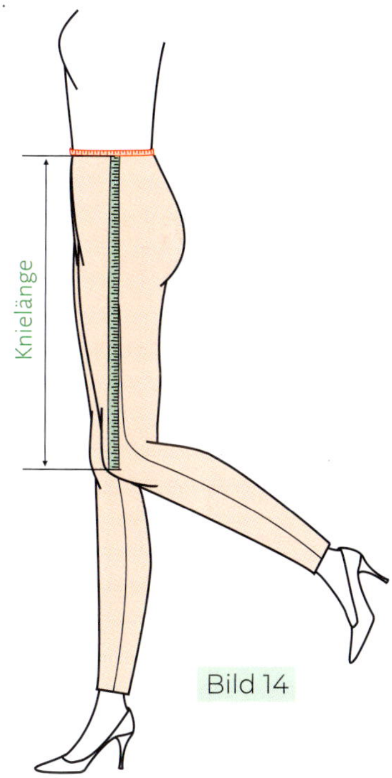

Bild 14

Seitenlänge

Dieses Maß ist notwendig, um die Gesamtlänge der Hose zu bestimmen.
Im Gegensatz zu beispielsweise der Rocklänge ist diese unabhängig vom Figurtyp. Die gewählte Form des Hosensaums wirkt sich hingegen auf dieses Maß aus (siehe S. 15, **Bild 8**).
Die Seitenlänge wird bei jedem Figurtyp und Körperbau senkrecht an der Seite gemessen, und zwar von der Taille bis zum gewünschten Punkt unten am Bein (**Bild 15**, blaue Linie).

Innenbeinlänge

Dieses Maß ist in Fachkreisen sehr umstritten.
Der Ausgangspunkt der Messung soll in der Mitte der Rundung des Hosenausschnitts liegen. Dieser Punkt ist sehr schwierig zu bestimmen. Da das Maß daher sehr unzuverlässig ist, wird es bei der Konstruktion des Grundschnitts nicht berücksichtigt. Es wird am Ende der Konstruktion zur Überprüfung des Schnittmusters verwendet, doch es ist kein verlässliches Maß.
Gemessen wird dazu innen am Bein, und zwar vom Schritt (in Höhe der Schrittlinie) bis zum Punkt der gewünschten Länge unten am Bein (**Bild 15**, grüne Linie).

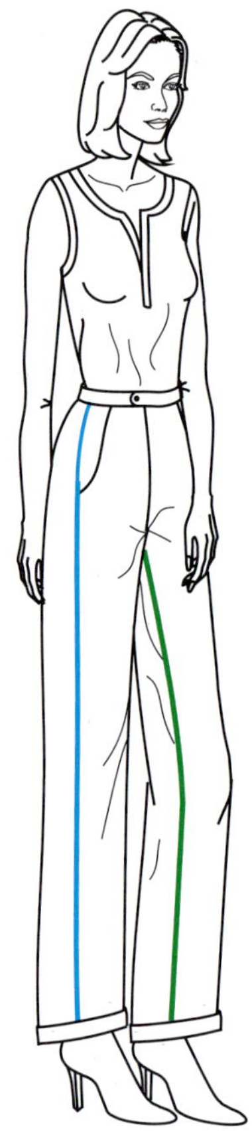

Bild 15

Länge der Schrittnaht (Hosenausschnitt)

Das Maß der Länge der Schrittnaht (= Länge des Hosenausschnitts) wird nicht für die Schnittkonstruktion verwendet, jedoch für die abschließende Überprüfung der Zeichnung. Vorder- und Rückenteil des Schnittmusters werden separat konstruiert. Daher muss auch am Körper vorn und hinten separat Maß genommen werden. Allerdings ist es sehr schwierig, die Länge der vorderen und hinteren Schrittnaht zu bestimmen, da beide an einem strategischen Punkt irgendwo im Schritt aufeinandertreffen. Dieser Punkt, der die Schrittnaht in eine hintere Partie (**Bild 16**, grüne Linie) und eine vordere Partie (**Bild 16**, blaue Linie) teilt, ist äußerst schwierig, wenn nicht sogar unmöglich zu bestimmen.

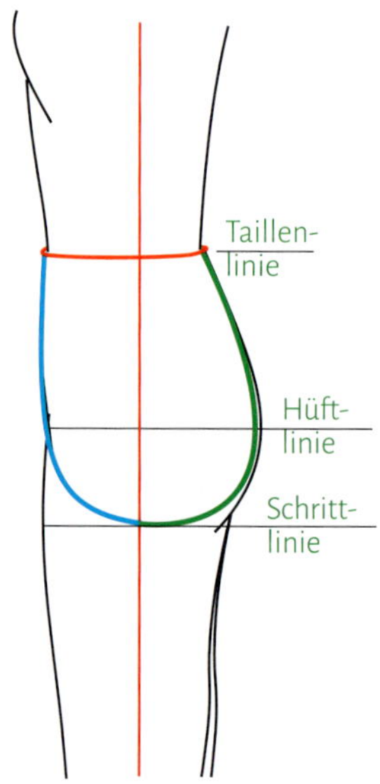

Bild 16

Die Verwendung der Gesamtlänge der Schrittnaht ermöglicht also keine separate Überprüfung an Vorder- und Hinterhose. Es gibt daher kein zuverlässiges Vergleichsmaß für die Korrektur der vorderen und hinteren Schrittnaht.
Aus diesem Grund wird dieses Maß bei den meisten Methoden der Schnittkonstruktion überhaupt nicht bestimmt. Trotzdem ist es möglich, die Gesamtlänge der Schrittnaht am Körper zu messen und sie bei der abschließenden Überprüfung der Schnittkonstruktion mit der Gesamtlänge der Schrittnaht auf dem Schnittmuster zu vergleichen. Eine Differenz von 2 bis 5 cm zwischen den beiden Werten gilt als akzeptabel; Korrekturen werden bei der Anprobe vorgenommen.
Zum Abmessen wird ein Ende des Maßbands in Höhe der Taillenlinie an der vorderen Mitte angelegt und mit etwas Spielraum (ohne das Maßband anzuziehen) zwischen den Beinen hindurch bis zur Taillenlinie an der hinteren Mitte geführt.

UMFANGMAẞE

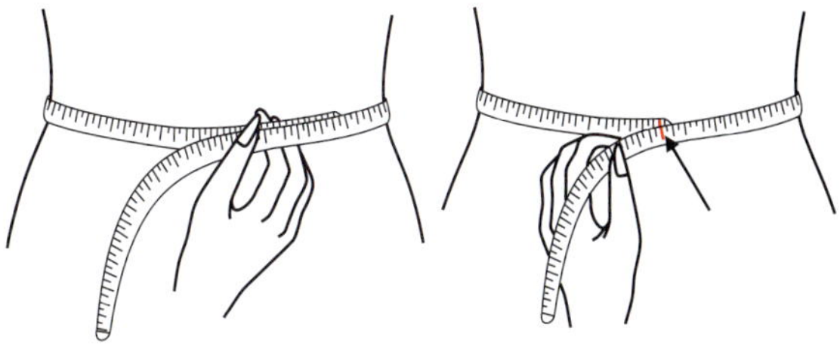

Bild 17

Einen Umfang zu messen ist nicht so einfach, wie es scheint: Man muss das Maßband exakt waagrecht um den Körper halten. Um die Sache zu vereinfachen, werden oft die Finger zwischen Maßband und Haut geschoben (**Bild 17A**). Das so erhaltene Messergebnis ist jedoch nicht ganz korrekt, da es quasi eine Weitenzugabe enthält und es unmöglich ist, auf diese Weise identische Weitenzugaben an Taille und Hüfte zu erhalten. Eine Schnittkonstruktion auf der Basis solcher Maße enthält also unkontrollierte Weitenzugaben. Dies hat zur Folge, dass die Überprüfung und Anpassung des Schnittmusters langwierig und kompliziert werden.

Das **Bild 17B** zeigt die korrekte Vorgehensweise zum Messen eines Umfangs. Die nötigen Weitenzugaben werden im Anschluss bei der Abwandlung des Grundschnitts hinzugefügt. Sie entsprechen also dem jeweiligen Modell und variieren je nach Art und Stil der Hose.

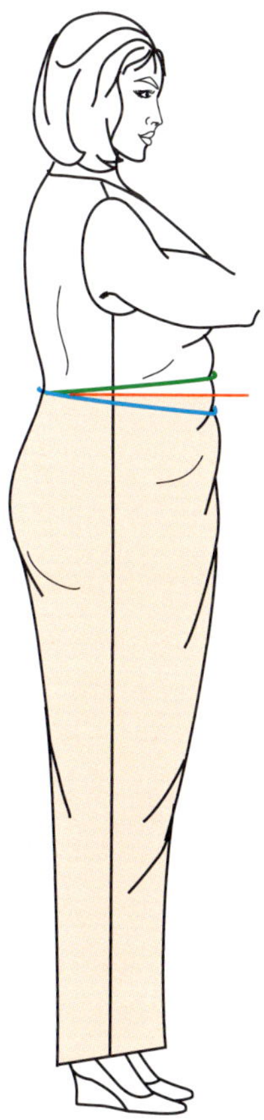

Bild 19

Maßnehmen

Der Hosengrundschnitt ist ein Grundgerüst, das die untere Körperhälfte von der Taille bis zum Boden darstellt. Damit die Konstruktion stimmt und man eine Hose erhält, die bequem angezogen werden kann und gut sitzt, müssen Form und Umfang von Gesäß und Beinen berücksichtigt werden.

Daher müssen die Umfangmessungen sehr sorgfältig durchgeführt werden, egal, ob sie unmittelbar für die Konstruktion des Schnittes oder für seine Überprüfung verwendet werden.

Taillenumfang

Im Prinzip dient das Maß des Taillenumfangs dazu, die Abnäherinhalte zu bestimmen. Es wird waagrecht rings um den Körper gemessen. Die Methode ist dabei stets die gleiche, egal, ob Oberteile, Röcke oder Hosen nach Standardmaßen konstruiert werden.

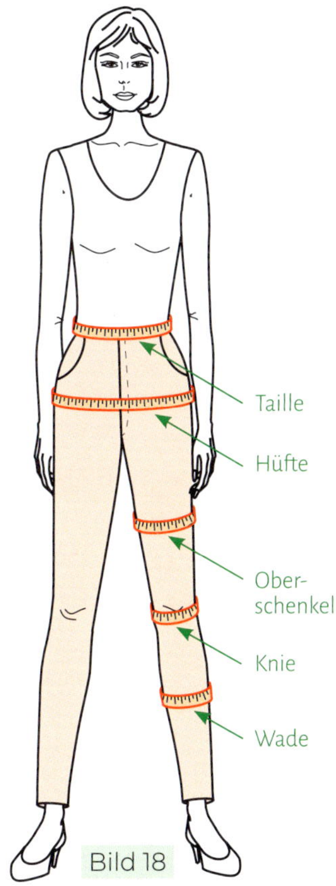

Bild 18

Bei der Konstruktion eines Hosenschnitts nach individuellen Maßen muss das Maßband hingegen in der Höhe um den Körper gelegt werden, in der die Person normalerweise die Taille ihrer Hosen trägt (**Bild 19**, blaue und grüne Linie; siehe auch S. 12, **Bild 1** und **2**).

Diese Differenzierung erfolgt vor allem bei stärkerer Figur, in der Regel ab Größe 40 oder 42, oder je nach Körperbau. Das abweichende Maß wird oberhalb oder unterhalb der Taille gemessen. Es kann um mehrere Zentimeter von der waagrechten Taillenlinie abweichen. Dabei muss unbedingt exakt gemessen werden, da die Hose – im Gegensatz zum Rock – durch die Schrittnaht und die Seitennähte weniger flexibel ist; die Taille kann sich also bei der Körperbewegung nicht verschieben. Man legt das Maßband rings um die Taille und bestimmt den Messwert ohne Weitenzugabe (siehe S. 21, **Bild 17B**).

Hüftumfang

Der Hüftumfang bestimmt die Breite eines Schnittmusters an der unteren Körperhälfte, egal, ob es ein Schnitt für ein Oberteil, einen Rock oder eine Hose ist. Der Messwert des Hüftumfangs ist ebenso wie der Wert der Hüfttiefe stets ein Näherungswert, da er das Volumen des Gesäßes berücksichtigt, nicht aber das des Bauches.

Besonders bei der Konstruktion eng anliegender Modelle ist diese Ungenauigkeit ärgerlich, doch in diesem Fall wird die Hüftweite in der Regel bei der Anprobe korrigiert.

Zum Abmessen des Hüftumfangs das Maßband in Höhe der stärksten Stelle des Gesäßes waagrecht rings um den Körper legen.

Oberschenkelumfang

Dieses Maß ist für die Konstruktion eines Hosenschnitts unverzichtbar, da die Form der Beine zu berücksichtigen ist. Diese können an bestimmten Partien üppiger sein, z. B. an den Seiten (die sogenannten „Reiterhosen"), im vorderen Bereich (z. B. athletische Oberschenkel) oder gleichmäßig über den ganzen Oberschenkel verteilt. Diese Unterschiede im Körperbau sind unabhängig von der Konfektionsgröße (klein oder groß).

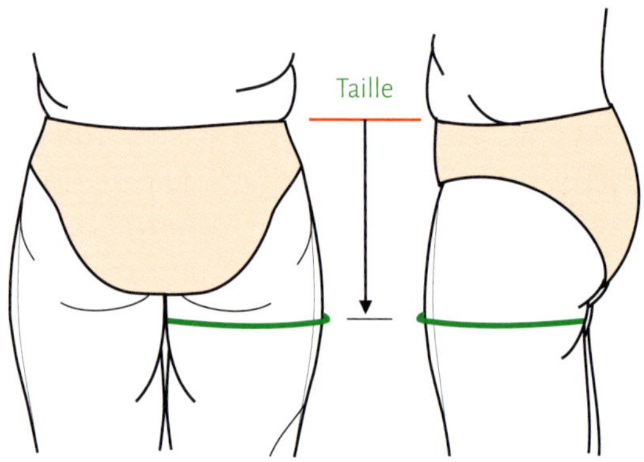

Bild 20

Um das Maß des Oberschenkelumfangs auf dem Hosenschnitt korrekt zu verwenden, muss auch die Höhe bestimmt werden, in der gemessen wurde (siehe Konstruktion auf S. 40, **Bild 16**). Wird der Oberschenkelumfang auf dem Schnittmuster nicht korrekt eingezeichnet, können sich der Hosenbruch sowie die Form der Schrittnaht und der anderen Nähte verziehen.

Zum Abmessen des Oberschenkelumfangs das Maßband an der stärksten Partie waagrecht rings um den Oberschenkel legen. Nicht nur den Umfang abmessen, sondern auch die Höhe der Messung ab der Taille (**Bild 20**, Pfeil).

Knieumfang

Dieses Maß wird nicht für die eigentliche Konstruktion des Hosenschnitts verwendet. Wie die meisten Maße des Beinumfangs kommt es erst bei der Überprüfung des Schnittmusters zum Einsatz.

Die Vorgehensweise bei der Messung variiert je nach Art der Schnittkonstruktion. Manchmal wird der Knieumfang überhaupt nicht berücksichtigt. Einige Methoden bevorzugen die Messung bei gestrecktem Bein, andere bei gebeugtem Bein.
Bei der in diesem Buch vorgestellten Methode der Schnittkonstruktion für Hosen wird der Knieumfang nicht berücksichtigt, weder bei der Konstruktion selbst noch bei der Überprüfung des Schnittmusters.
Der am gestreckten Bein gemessene Knieumfang wird hingegen bei der Abwandlung des Grundschnitts in einen Modellschnitt für ganz eng anliegende, figurnahe Hosen aus Stretchstoff verwendet (z. B. lange Unterhosen, Slim-Fit-Hosen, Leggings etc.).

Wadenumfang

Dieses Maß ist für die Konstruktion des Hosengrundschnitts ebenso wichtig wie der Oberschenkelumfang. Die Breite der Hosenpartie zwischen Knie und Saum wird auf dem Grundschnitt durch zwei parallele senkrechte Linien dargestellt (siehe die Konstruktion auf S. 38, **Bild 14**). Auf dem Grundschnitt wird für diese Breite ein Näherungswert verwendet, dem ein Durchschnittswert von 38 bis 40 cm zugrunde liegt. Für die meisten Beinformen ist dieser Wert geeignet. Dennoch muss die Breite der unteren Hosenpartie mithilfe des tatsächlichen Wadenumfangs überprüft und gegebenenfalls korrigiert werden.
Zum Abmessen des Wadenumfangs legt man das Maßband an der stärksten Partie waagrecht rings um die Wade.

Fesselumfang

Dieses Maß ist rein optional. Es wird weder für die Schnittkonstruktion noch für die Überprüfung des Schnittmusters oder dessen Anpassung an die individuelle Figur benötigt. Es gewährleistet auch keinesfalls eine komfortable Saumweite, durch die der Fuß beim Anziehen der Hose bequem hindurchpasst.
In einigen Fällen kann das Maß jedoch bei der Abwandlung des Grundschnitts nützlich sein, vor allem für sehr eng anliegende, figurnahe Modelle wie Slim-Fit-Hosen, Leggings etc., da diese aus dehnbaren Stoffen angefertigt werden.

Ristumfang

Dieses Maß, das häufig außer Acht gelassen wird und in der Tabelle der Standardmaße nicht vorkommt, ist sehr wichtig für die Abwandlung des Grundschnitts, und zwar für alle unten eng geschnittenen Modelle aus Webstoff. Es dient dazu, die nötige Saumweite zu erhalten, durch die der Fuß beim Anziehen bequem hindurchpasst.
Bei Hosen aus dehnbarem Stoff muss hingegen der Mittelwert aus Fessel- und Ristumfang berechnet werden, damit der Fuß leicht hindurchpasst und die Hose in Höhe des Knöchels eine akzeptable Weite erhält.

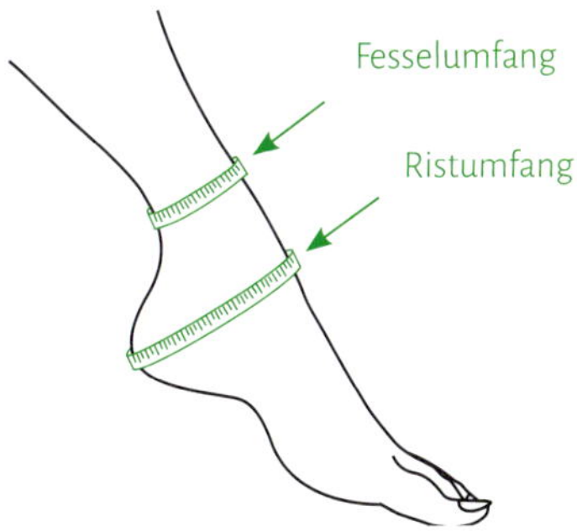

Bild 21

INDIVIDUELLE MAẞTABELLE – HOSE

Längenmaße						
1	Hüfttiefe					
2	Sitzhöhe (Leibhöhe)					
3	Knielänge					
4	Seitenlänge					
5	Länge der Schrittnaht					
Umfang						
6	Taillenumfang					
7	Hüftumfang					
8	Oberschenkelumfang					
9	Wadenumfang					
10	Ristumfang					

Das Erstellen einer solchen Maßtabelle, in der die am Körper gemessenen Maße eingetragen werden, ist unverzichtbarer Bestandteil jeder Schnittkonstruktion.

ARBEITSMITTEL FÜR DIE SCHNITTZEICHNUNG

PAPIER

Die Schnittmuster können auf beliebigem Papier gezeichnet werden; es muss nur einfarbig und hell sein, damit man die Linien gut erkennen kann. Außerdem sollte es dick genug und reißfest sein und natürlich groß genug für den Umriss des zu zeichnenden Schnittmusters. Die Größe des Papiers für einen Hosenschnitt muss der Hosenlänge und der Hälfte des Hüftumfangs entsprechen. Zwischen den Schnittteilen von Vorder- und Hinterhose müssen 5 bis 10 cm Abstand liegen. Eine der am besten geeigneten Papierarten ist das Kraftpapier (Stärke 90–100 g/cm²), das in Rollen oder großen Bögen erhältlich ist.

Werkzeug

Wie beim Papier gilt auch hier, dass man beliebiges Werkzeug verwenden kann, das mehr oder weniger gut seinen Zweck erfüllt. Die Auswahl hängt manchmal von der Technik der Schnittkonstruktion oder den persönlichen Vorlieben der Schnittentwickler:innen ab. Unbedingt benötigt werden: Bleistifte, Radiergummi, Kurvenlineal, gerades Lineal, Zeichendreieck und Winkelmesser oder Geodreieck.

Bleistifte: ein Bleistift, am besten Härtegrad B oder B2. Härtegrad H ist hart und daher schwer auszuradieren, denn das Radieren hinterlässt Spuren; weniger reißfestes Papier kann sogar beschädigt werden. Zusätzlich benötigen Sie mindestens drei Buntstifte in verschiedenen Farben: einen roten für die Konstruktionslinien, dazu am besten einen grünen und einen blauen Buntstift für die Linien der Abwandlungen. Die Stifte müssen gut gespitzt sein, denn zu dicke Linien können die Maße des Schnittmusters verfälschen.

Kurvenlineal: Im Handel sind verschieden geformte Kurvenlineale erhältlich. Sie sind für die unterschiedlichen Partien eines Schnittmusters gedacht und mehr oder weniger gut geeignet. Unter der Vielzahl von Angeboten ist ein Kurvenlineal wie das unten abgebildete (**Bild 22**) zu empfehlen: Es hat verschieden gekrümmte Rundungen sowie Geraden und Rundungen die sich sehr gut für die Form und Länge von Arm- und Halsausschnitten eignen, um nur zwei Beispiele zu nennen.

Japanisches Lineal (Stoffmesslineal/Patchworklineal): Dies ist ein sehr praktisches Messwerkzeug, das sogar das Zeichendreieck und den Winkelmesser ersetzen kann. Es ist aus biegsamem transparentem Kunststoff und enthält Linien im 45°-Winkel, eine Gradeinteilung und ein Raster aus waagrechten und senkrechten Linien, die das Zeichnen erleichtern (**Bild 23**).

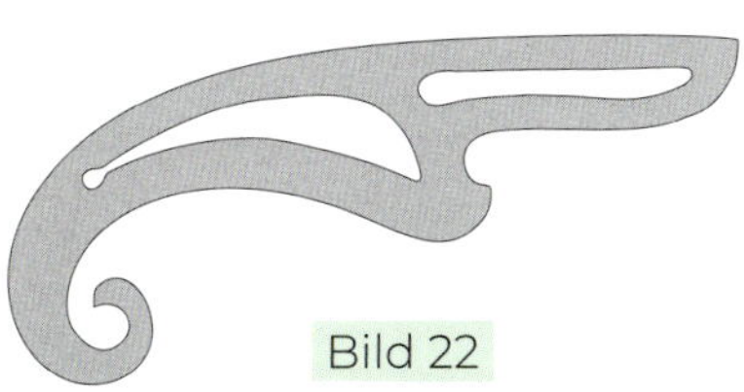

Bild 22

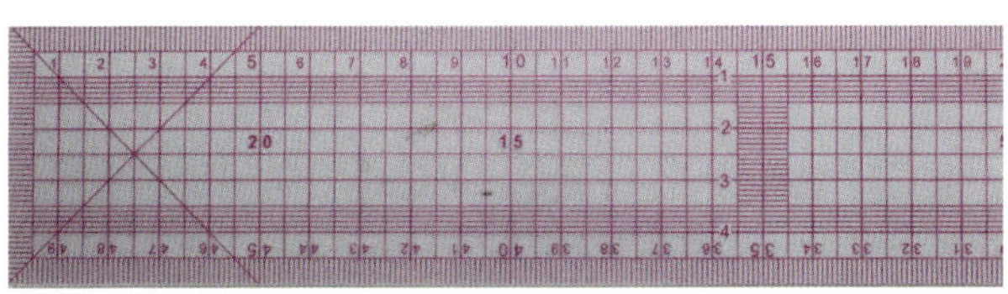

Bild 23

KONSTRUKTION DES HOSEN-GRUNDSCHNITTS

Die Konstruktion des Hosengrundschnitts gilt zu Unrecht als sehr kompliziert. Sie hat jedoch einen nicht zu unterschätzenden Vorteil: Ob der Grundschnitt nun nach Standardmaßen oder individuellen Maßen, für eine schlanke oder stärkere Figur gezeichnet wird, es gelten stets dieselben Konstruktionsregeln, Dies ist beim Grundschnitt des Oberteils oder Rockes nicht der Fall.

Die Schwierigkeit bei der Zeichnung des Hosenschnitts besteht in der Konstruktion von Form und Breite des Hosenausschnitts (Schrittnaht), bei der das mehr oder weniger starke Gesäß berücksichtigt werden muss. Im Prinzip ist es vernünftig, diese Partie bei der Anprobe an die Figur anzupassen. Doch um zu wissen, wie man diese Korrektur vornimmt, muss man unbedingt zunächst Sinn und Relevanz der geraden und geschwungenen Linien verstehen, die entsprechend den für die Konstruktion verwendeten Maßen auf dem Hosenschnitt eingezeichnet wurden.

Nehmen Sie sich daher unbedingt die Zeit, jeden einzelnen Schritt der Schnittkonstruktion genau zu verstehen. Falls notwendig, können Sie parallel mit ergänzenden Büchern der Autorin arbeiten (z. B. *Schnittkonstruktion in der Mode: Maßschnitte/Grundschnitte/Schnittabwandlungen*). Dies kann Ihnen eine wertvolle Hilfe sein.

VOR BEGINN

Für die Zeichnung des Hosenschnitts benötigen Sie einen Bogen Papier, dessen Größe den Maßen der jeweiligen Person entspricht: Die Breite muss der Hälfte des Hüftumfangs, die Länge der Seitenlänge einer Hose entsprechen.

Zusätzlich müssen in Höhe und Breite an allen Seiten mindestens 10 cm Rand addiert werden. Zwischen den Schnittteilen von Vorder- und Hinterhose müssen 5 bis 10 cm Abstand liegen.

Der Hosenschnitt stellt das Grundgerüst eines Beines dar; er besteht aus der halben Vorderhose (**Bild 1**, in Grün) und der halben Hinterhose (**Bild 1**, in Blau). Wie bei einem Rock, aber im Unterschied zum Oberteil, kann die Konstruktion am vorderen oder rückwärtigen Teil begonnen werden. Dies hat keinerlei Einfluss auf die Konstruktion, da die ersten Schritte der Schnittzeichnung von Vorder- und Hinterhose identisch sind.

Wichtig ist, die Schnittteile von Vorder- und Hinterhose gegenüber zu platzieren, sodass man den Überblick über die Gesamtkonstruktion hat. Die waagrechten Linien (Taillen-, Hüft-, Schrittlinie etc.) müssen unbedingt genau auf einer Höhe liegen (siehe S. 31, **Bild 3**).

Zum besseren Verständnis wird die folgende Konstruktion eines Hosenschnitts („Die Schnittzeichnung“, S. 30) anhand von Beispielmaßen durchgeführt.

Die verwendeten Maße:

- Taillenumfang: 72 cm
- Hüftumfang: 92 cm
- Oberschenkelumfang: 56 cm
- Wadenumfang: 32 cm
- Hüfttiefe: 20 cm
- Sitzhöhe (Leibhöhe): 27 cm
- Knielänge: 56 cm
- Seitenlänge: 110 cm
- Länge der Schrittnaht: 62 cm.

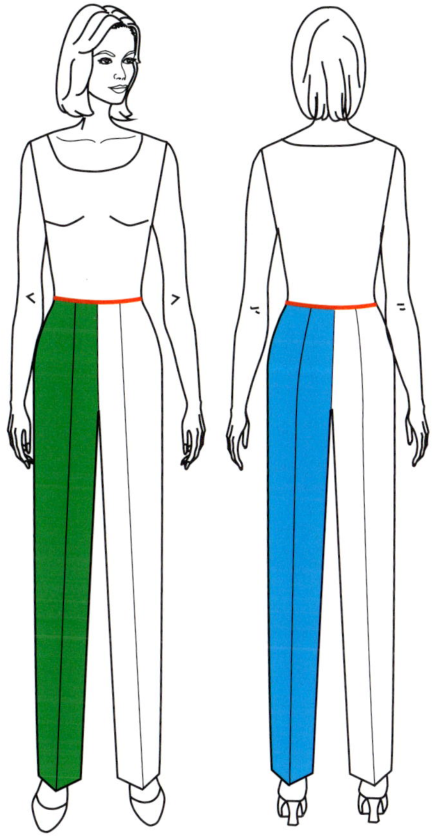

Bild 1

Wichtig

Um ein korrektes Schnittmuster für Ihre Figur zu erhalten, müssen Sie in den folgenden Beispielen und Berechnungen Ihre eigenen Maße einsetzen.

DIE SCHNITTZEICHNUNG

GRUNDGERÜST DER VORDERHOSE/VH

Etwa 10 cm vom linken Rand des Bogens entfernt eine lange senkrechte Linie aufzeichnen. Dies ist die **vordere Mitte** der Hose (**Bild 2**, in Rot). Rechtwinklig zur vorderen Mitte etwa 10 cm vom oberen Rand des Bogens entfernt eine Linie ziehen. Dies ist die **Taillenlinie** (**Bild 2**, in Rot).

Ab der vorderen Mitte ein Viertel des Hüftumfangs auf der Taillenlinie abtragen.

Beispiel: Bei den auf S. 29 angegebenen Maßen beträgt der Hüftumfang 92 cm, also 92 ÷ 4 = 23 cm. Auf der Taillenlinie ab der vorderen Mitte 23 cm abtragen.

Von diesem Punkt aus eine Senkrechte zeichnen: Dies ist die **Seitenlinie der Vorderhose**.

Auf der Seitenlinie ab der Taille das Maß der äußeren Beinlänge abtragen. Im gezeigten Beispiel beträgt der abgetragene Wert 110 cm.

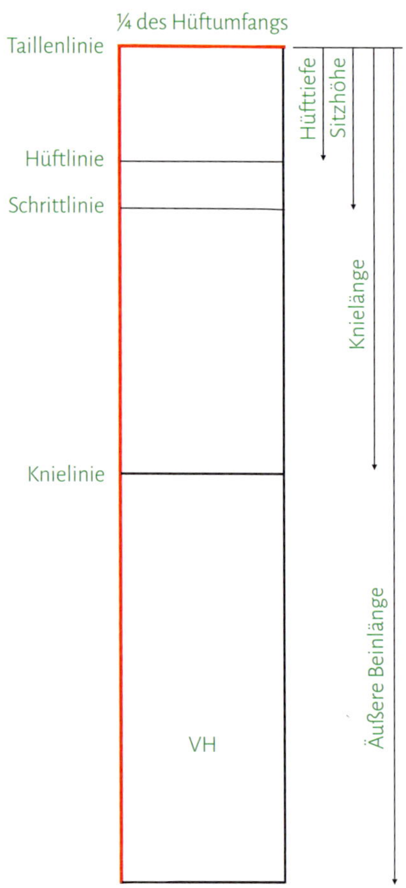

Bild 2

Zeichnen Sie das Schnittteil der Vorderhose gemäß dem gezeigten Beispiel, jedoch mit Ihren eigenen Maßen.

Dann schließen Sie den Umriss des Schnittteils an der Unterkante, indem Sie ab dem Ende der äußeren Beinlänge (Seitenlinie) eine waagrechte Linie ziehen.

Für die weitere Schnittkonstruktion müssen die waagrechten Linien zur Kennzeichnung der verschiedenen Körperpartien eingezeichnet werden. Diese Linien werden stets ab der Taillenlinie abgetragen und gemäß den entsprechenden Maßen – hier nach den Beispielmaßen von S. 29 – eingezeichnet.

Die waagrechten Linien an der Vorderhose gemäß Ihren eigenen Maßen einzeichnen: Hüfttiefe (siehe S. 17, **Bild 10**), Sitzhöhe (siehe S. 18, **Bild 12** und **13**) und Knielänge (siehe S. 19, **Bild 14**).

GRUNDGERÜST DER HINTERHOSE/HH

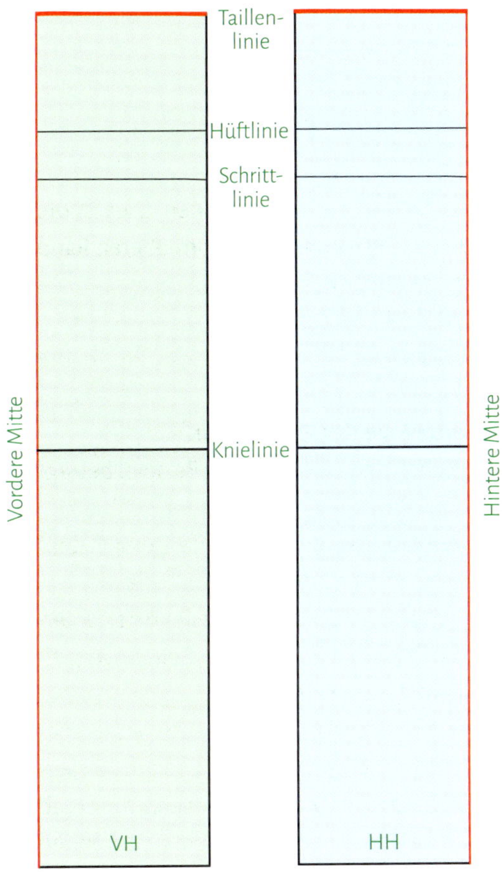

Bild 3

Etwa 10 cm neben der Seitenlinie der Vorderhose (**Bild 3**, grünes Teil) eine lange senkrechte Linie ziehen. Nun das Grundgerüst der Hinterhose zeichnen (**Bild 3**, blaues Teil). Dabei genauso vorgehen wie an der Vorderhose, nur spiegelverkehrt. Die waagrechten Linien der beiden Grundgerüste müssen genau auf der gleichen Höhe liegen (Bild 3).

Die Linie der hinteren Mitte befindet sich auf der rechten Seite des Teiles, sodass die beiden Seitenlinien (von Hinter- und Vorderhose) sich direkt gegenüberliegen.

> **Wichtig**
>
> **Vor Beginn des nächsten Schrittes müssen unbedingt die eingezeichneten Maße sowie die rechten Winkel (90°) der waagrechten und senkrechten Linien genau überprüft werden. Das Endergebnis hängt davon ab, dass hier alles korrekt ist.**

GRUNDSCHNITT DER VORDERHOSE/VH

Vorderer Hosenausschnitt

Um den vorderen Hosenausschnitt (Schrittnaht) zu zeichnen, müssen Sie zunächst die Schrittlinie um $^{1}/_{20}$ des Hüftumfangs minus 1 cm verlängern.

*Beispiel: Bei den auf S. 29 angegebenen Maßen beträgt der Hüftumfang 92 cm: 92 ÷ 20 = 4,6 – 1 = 3,6 cm. Die Schrittlinie ab der vorderen Mitte um 3,6 cm verlängern (**Bild 4**, in Grün).*

Nehmen Sie die Verlängerung der Schrittlinie vor wie im gezeigten Beispiel, jedoch mit Ihren eigenen Maßen.

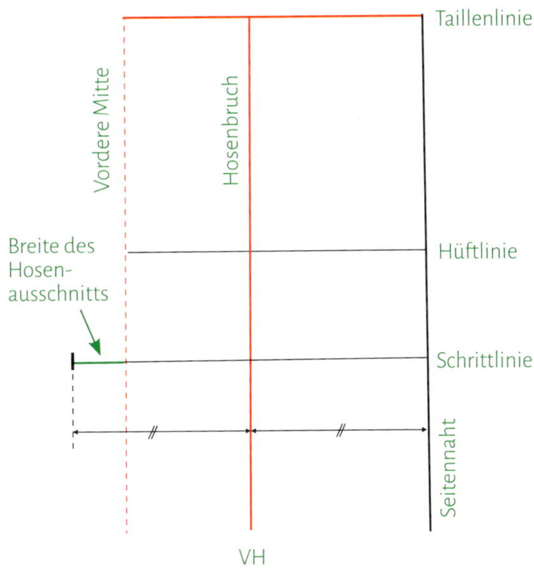

Bild 4

Hosenbruch

Diese Linie ist sehr wichtig für die Schnittzeichnung (siehe S. 13 und 14), denn ab diesem Konstruktionsschritt übernimmt sie die Funktion der vorderen bzw. hinteren Mitte: Die Linie des Hosenbruchs wird zur Referenzlinie der Schnittkonstruktion.

Um sie einzuzeichnen, müssen Sie zur Breite des Hosenausschnitts ein Viertel des Hüftumfangs addieren und das Ergebnis durch 2 teilen.

Beispiel: Bei den auf S. 29 angegebenen Maßen mit einem Hüftumfang von 92 cm wären dies 92 ÷ 4 = 23 + 3,6 = 26,6 ÷ 2 = 13,3 cm.

Diese 13,3 cm werden ab der Seitennaht der Hose abgetragen. Ab diesem Punkt wird eine Senkrechte bis zum unteren Rand der Konstruktion gezeichnet (**Bild 4**, rote Linie).

Berechnen Sie die Position des Hosenbruchs wie im gezeigten Beispiel, jedoch mit Ihren eigenen Maßen.

Vordere Abnäher

Das Anbringen von Taillenabnähern dient dazu, den Stoff besser an die Form des Körpers anzupassen. Am Vorderteil eines Rockes oder Oberteils werden die Hauptabnäher prinzipiell an der Seite und in Höhe des Brustpunktabstands angebracht. An der Hose wird der dem Brustabnäher entsprechende Abnäher oft auf der Linie des Hosenbruchs platziert. So entsteht ein harmonischer Gesamteindruck, vor allem an einer Hose mit eingebügeltem Bruch (Bügelfalte).

Doch auch eine Platzierung des Abnähers gemäß dem Brustpunktabstand würde sich nicht negativ auf die Konstruktion oder den Fall der Hose auswirken.

Einen entscheidenden Unterschied gibt es jedoch zwischen dem Schnitt einer Hose und dem eines Oberteils oder Rockes: Der Hosenschnitt enthält stets eine Verbindungsnaht an der vorderen Mitte. Diese Naht ermöglicht es, die Hose an die jeweilige Figur anzupassen (siehe Erläuterungen zu S. 33, **Bild 6**).

Berechnung der vorderen Abnäher

Der Gesamtinhalt der Abnäher ist der Taillenausfall, also die Differenz zwischen Hüftumfang und Taillenumfang.

Beispiel: Bei den auf S. 29 angegebenen Maßen mit einem Hüftumfang von 92 cm und einem Taillenumfang von 72 cm wären dies 92 – 72 = 20 cm. Der Gesamtinhalt der auf der Taillenlinie zu verteilenden Abnäher, der so genannte Ausfallbetrag, beträgt also 20 cm.

Der Ausfallbetrag muss nun durch 4 geteilt werden (für je 2 halbe Schnittteile für Vorder- und Hinterhose). Ergebnis: 20 ÷ 4 = 5 cm. Der Abnäherinhalt pro halber Vorderhose beträgt also 5 cm.

Diese 5 cm müssen auf die Abnäher an der halben Vorderhose verteilt werden.

Fortsetzung der Beispielrechnung: 2,5 cm für den seitlichen Taillenabnäher abtragen.

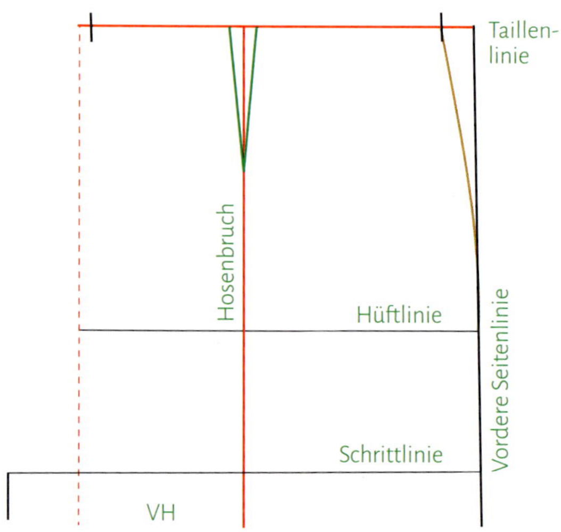

Bild 5

Von diesem Punkt zur Seitennaht eine leicht geschwungene Linie ziehen, die etwa in Höhe der oberen Hüftlinie endet (**Bild 5**, in Braun).

Fortsetzung der Beispielrechnung: 1,5 cm für den mittleren Taillenabnäher abtragen.

Dieser Abnäherinhalt wird zu gleichen Teilen beidseits des Hosenbruchs verteilt. Die Abnäherlänge beträgt etwa 9 cm (**Bild 5**, in Grün).

*Fortsetzung der Beispielrechnung: 1 cm für den Taillenabnäher an der vorderen Mitte abtragen (**Bild 5**, in Blau).*

Den Inhalt des Abnähers an der vorderen Mitte auf der Taillenlinie abtragen. Der Abnäher selbst wird später gleichzeitig mit der vorderen Schrittnaht gezeichnet.

Berechnen Sie die Verteilung der Abnäherinhalte wie im Beispiel, jedoch mit Ihren eigenen Maßen.

Abnäher an der vorderen Mitte

Dieser Abnäher ist nicht obligatorisch, da er von der jeweiligen Figur abhängt (starker oder flacher Bauch). Bei einer Figur mit flachem Bauch oder einer Konstruktion nach Standardmaßen beträgt der Inhalt dieses Abnähers 1 bis 1,5 cm (**Bild 6**, in Blau). Bei einem stärkeren Bauch muss die Linie der vorderen Mitte hingegen nach außen verlegt werden, um den nötigen Platz für den Bauch zu erhalten. Ohne diese Anpassung würde sich die Hose an den Seitennähten und der Schrittnaht verziehen, um den in der Mitte fehlenden Platz auszugleichen.

In beiden Fällen ist es wichtig, die vordere Mitte im unechten Schrägschnitt (*Faux Biais*, Schrägschnitt mit einem Winkel zwischen 45° und geradem Zuschnitt) zuzuschneiden, um eine dehnbare Kante zu erhalten und Spannungen an der Schrittnaht zu vermeiden.

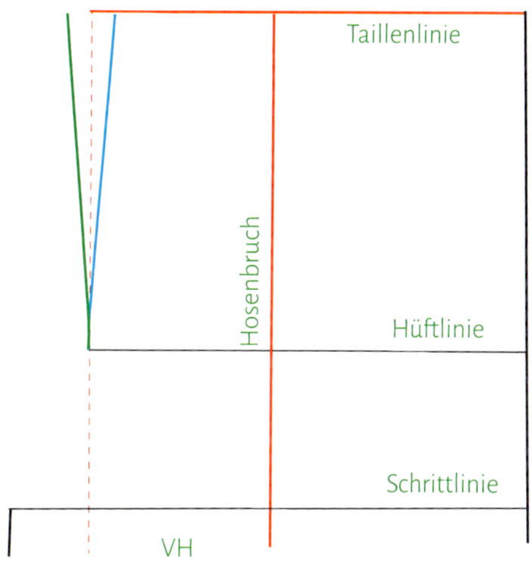

Bild 6

Form des vorderen Hosenausschnitts

Für die Form des vorderen Hosenausschnitts (Schrittnaht) die Schrittlinie um die Breite des Hosenausschnitts verlängern (S. 30, **Bild 4**). Am Ende dieser Linie eine Abflachung von 1 cm zeichnen (**Bild 7**). Nun zwischen der Linie der vorderen Mitte und der Schrittlinie eine 1 bis 2 cm lange Winkelhalbierende (45°-Winkel) einzeichnen. Deren Ende dient als Begrenzungsmarkierung, um eine zu starke Krümmung der Schrittnaht zu vermeiden. Die genaue Position dieser Markierung variiert je nach der durch den Hüftumfang bestimmten Breite des Hosenausschnitts: Je breiter der Hosenausschnitt ist, desto länger wird die Hilfslinie. Eine zu tief ausgeschnittene Schrittnaht wirft Falten.

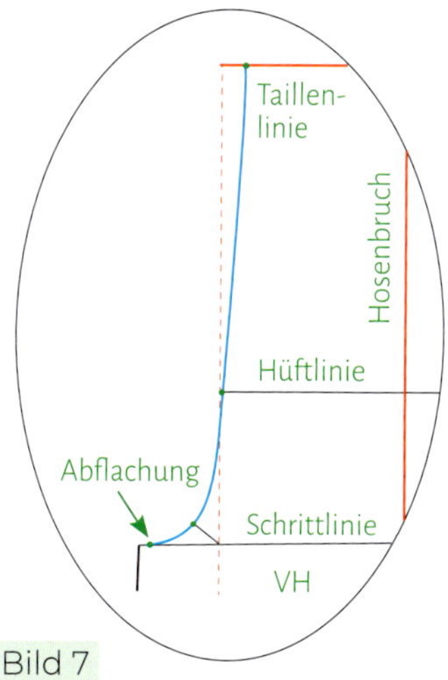

Bild 7

Für einen korrekten, an die jeweilige Figur angepassten Verlauf der Schrittnaht wird diese am besten bei der Anprobe korrigiert.
Nun die Endpunkte der Schrittspitze (Abflachung), der Winkelhalbierenden, der Hüftlinie und des auf der Taillenlinie markierten Abnäherschenkels (Abnäher der vorderen Mitte) durch eine leicht geschwungene Linie verbinden (**Bild 7**, in Blau). Diese Linie muss durchgehend und gleichmäßig sein.

Vordere Taillenlinie

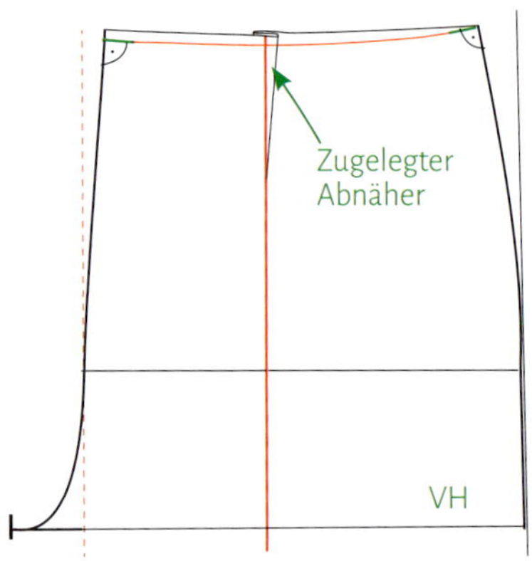

Bild 8

Auf einem Hosenschnitt nach Standardmaßen oder für eine Figur mit flachem Bauch wird die Taillenlinie an der vorderen Mitte um 1 bis 1,5 cm vertieft. Dann wird sie mit zugelegtem Abnäher neu gezeichnet, damit man an den Schnittstellen der Taillenlinie mit der Schrittnaht und der Seitenlinie einen rechten Winkel erhält (**Bild 8**).

Bei einem Maßschnitt und bei einer Figur mit starkem Bauch kann die Taillenlinie je nach den individuellen Maßen erhöht oder vertieft werden (siehe S. 12 und **Bild 9**).

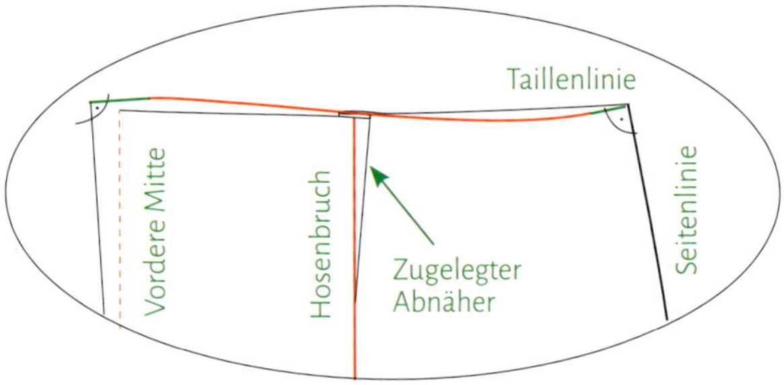

Bild 9

HINTERHOSE

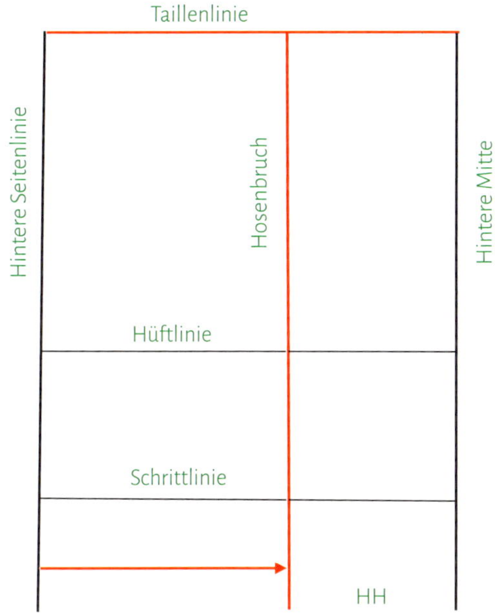

Bild 10

Für die Konstruktion der Hinterhose müssen Sie zunächst die Position des Hinterhosenbruchs bestimmen. Dazu verwenden Sie dieselbe Berechnung wie für die Vorderhose (S. 31).

Bei den im Beispiel angegebenen Werten wird der Hinterhosenbruch 13,3 cm von der Seitennaht entfernt eingezeichnet; der vordere und hintere Hosenbruch haben also den gleichen Abstand zur Seitenlinie.

Den nach Ihren eigenen Maßen berechneten Betrag ab der Seitenlinie auf der hinteren Taillenlinie abtragen. Von diesem Punkt eine Senkrechte bis zum unteren Rand der Hose einzeichnen (**Bild 10**, senkrechte rote Linie).

Hintere Schrittlinie

An der Hinterhose erfordert die Schrittlinie stets besondere Aufmerksamkeit, da ihre Position von der jeweiligen Figur bestimmt wird. Bei Schnittkonstruktionen nach Standardmaßen oder bei einer Figur mit schlankem Bein wird die Schrittlinie um etwa 2 cm abgesenkt. Diese Absenkung ist unbedingt notwendig, denn durch sie erhält die Vorderhose zwischen Schrittlinie und Knie die erforderliche Bewegungszugabe (**Bild 11**, blaue Linien). Durch die Zugabe wird am hinteren Hosenbein mehr Stoff verwendet; dies sorgt für die nötige Bewegungsfreiheit der Beine.

Bei einer Schnittkonstruktion für eine Figur mit stärkeren Oberschenkeln kann der Wert der Absenkung 3 bis 3,5 cm betragen.

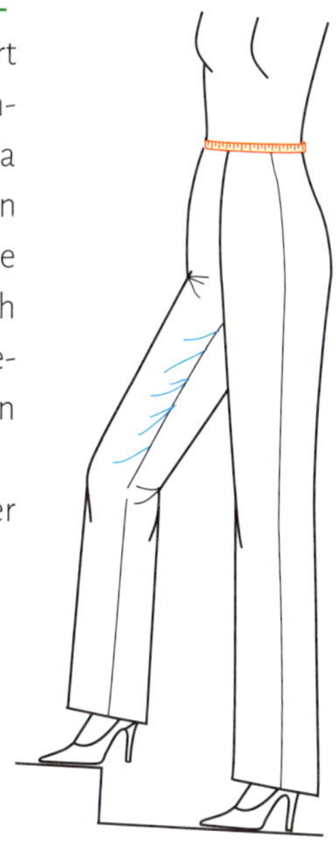

Bild 11

(1) An der hinteren Mitte ab der Schrittlinie 2 cm nach unten abtragen. Ab diesem Punkt eine waagrechte Linie nach außen ziehen (**Bild 12**, in Grün).
Auf dieser waagrechten Linie die Breite des hinteren Hosenausschnitts abtragen. Dafür $1/20$ des Hüftumfangs berechnen und zum Ergebnis 2 cm addieren. Diese Berechnung eignet sich für die Normalfigur. Für eine etwas stärkere Figur zu den $1/20$ des Hüftumfangs nach Bedarf 3 cm oder mehr addieren.
Beispiel: Bei den auf S. 29 angegebenen Werten mit einem Hüftumfang von 29 cm ergibt dies 92 ÷ 20 = 4,6 + 2 = 6,6. Die Breite des hinteren Hosenausschnitts beträgt also 6,6 cm.
Berechnen Sie die Breite des hinteren Hosenausschnitts wie im Beispiel, jedoch mit Ihren eigenen Maßen. Zeichnen Sie ab dem Ende des Hosenausschnitts eine senkrechte Linie ein (**Bild 12**, in Schwarz).

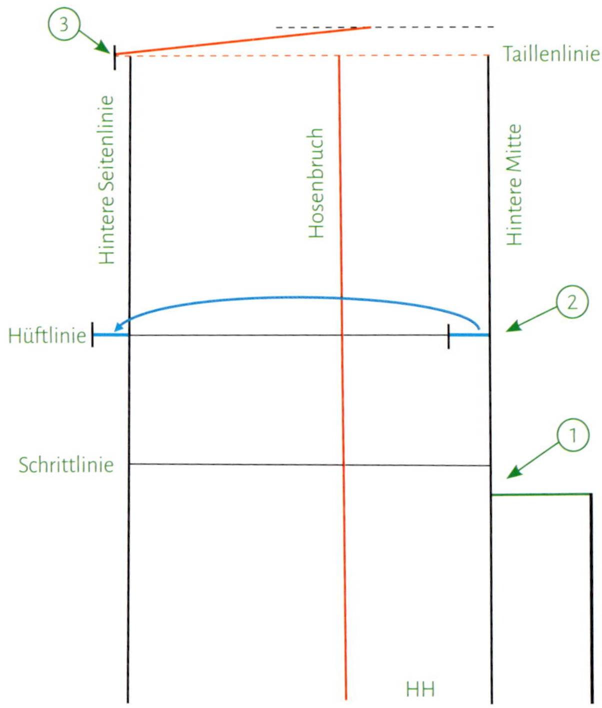

Bild 12

Hintere Hüftlinie

(2) Die Hüftlinie verläuft an der stärksten Stelle des Gesäßes. Daher muss die hintere Mitte in Höhe der Hüftlinie schräg gestellt werden, um Platz für das Gesäß zu schaffen.
In der Regel entspricht das dazu verwendete Maß dem Abnäherinhalt des vorderen seitlichen Abnähers plus 1 cm.
Im Beispiel auf S. 31 beträgt dieser Abnäherinhalt 2,5 cm; man erhält also: 2,5 + 1 = 3,5 cm.
Ab der hinteren Mitte auf der Hüftlinie 3,5 cm abtragen (**Bild 12**, kurze blaue Linie).
Ab der hinteren Seitenlinie die Hüftlinie um 3,5 cm verlängern (**Bild 12**, blauer Pfeil), damit sie wieder ihre ursprünglich auf dem Schnitt eingezeichnete Länge erhält.
Berechnen Sie die Schrägstellung der Hüftlinie wie im Beispiel, jedoch mit Ihren eigenen Maßen.

Taillenlinie

(3) Die hintere Taillenlinie wird durch die Bewegungen des Körpers ständig strapaziert, da die Schrittnaht an ihr zieht. Damit sie nicht zu tief nach unten rutscht, muss sie leicht erhöht werden. Diese Erhöhung wird prinzipiell von der Stoffqualität (fest, fließend, mehr oder weniger elastisch etc.), vom Hosenmodell, doch auch von der Figur bestimmt. In der Regel ist es ausreichend, wenn oben 2 cm angefügt werden. Dazu in 2 cm Abstand eine Parallele über der Taillenlinie einzeichnen (**Bild 12**, gestrichelte schwarze Linie). Die Taillenlinie an der hinteren Seitenlinie um 1 cm verlängern. Ab diesem Punkt ¼ des Taillenumfangs auf der gestrichelten schwarzen Linie abtragen und die beiden Punkte verbinden (**Bild 12**, rote Linie).

Form des hinteren Hosenausschnitts

Um die Form des hinteren Hosenausschnitts (Schrittnaht) zu bestimmen, müssen Sie zunächst festlegen, wie breit die Abflachung der Schrittlinie, also die begradigte Partie an der Schrittspitze, sein soll. Sie entspricht ⅓ der Breite des hinteren Hosenausschnitts, die in Schritt 1 eingezeichnet wurde (**Bild 12**, grüne Linie).

Im Beispiel mit den auf S. 29 angegebenen Werten beträgt die Breite des Hosenausschnitts 6,6 cm; daraus folgt: 6,6 ÷ 3 = 2,2. ⅓ der Hosenausschnittbreite = also 2,2 cm, die auf 2,5 cm gerundet werden können.

Berechnen Sie die Abflachung wie im gezeigten Beispiel, jedoch mit Ihren eigenen Maßen, und markieren Sie diese. Ziehen Sie von dieser Markierung eine leicht geschwungene Linie zur Markierung auf der Hüftlinie. Diese wiederum verbinden Sie durch eine Gerade mit dem Ende der Taillenlinie (**Bild 13**, grüne Linie).

Zeichnen Sie auch die Seitenlinie neu (**Bild 13**, braune Linie), sodass sie der Form der vorderen Seitenlinie entspricht.

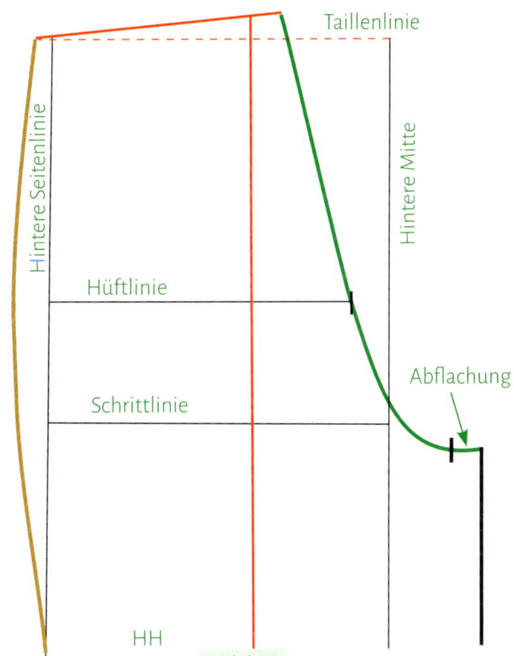

Bild 13

SAUMWEITE DER HOSE

Die Schnittzeichnung der oberen Partie von Vorder- und Hinterhose ist fertig. Nun muss die untere Partie konstruiert werden; dazu wird zunächst die Saumweite bestimmt. Ab der Knielinie wird der Hosengrundschnitt mit senkrechten Linien konstruiert, damit die Hose bei der Anprobe korrekt fällt.

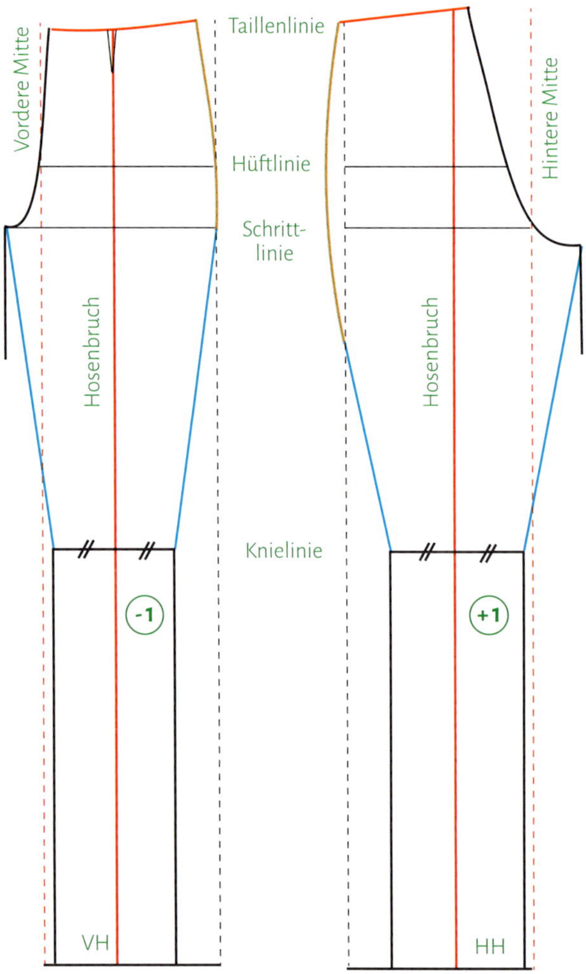

Bild 14

In der Regel beträgt die durchschnittliche Saumweite eines Standard-Hosengrundschnitts zwischen 40 und 44 cm. Bei einem Maßgrundschnitt müssen Sie diese Durchschnittswerte jedoch mit dem tatsächlichen Wadenumfang abgleichen (siehe S. 23 sowie S. 21, **Bild 18**), damit die Beinweite nicht zu knapp ist.

Verteilung der Weite

Aufgrund der Formen und Proportionen des Körpers müssen Sie die Weite ungleich auf Vorder- und Hinterhose verteilen. Im Allgemeinen ist die Hinterhose weiter als die Vorderhose. Diese Regel gilt jedoch für die ausgewogen proportionierte Figur, die keine ausgeprägteren Rundungen wie üppige Oberschenkel oder einen stärkeren Bauch aufweist.

Bei manchen Figurformen verschiebt sich die Seitenlinie nach vorn. Dies muss bei der Anprobe korrigiert werden.

Die Saumweite der Hose wird durch 2 geteilt, um die Breite der Vorderhose und die Breite der Hinterhose zu erhalten. Dann wird die Breite der Vorderhose um 1 cm reduziert. Dieser Wert wird dann an der Hinterhose hinzugefügt.

Beispiel: Bei einer Gesamtsaumweite von 40 cm erhält man 40 ÷ 2 = 20 – 1 = 19. Die Breite der Vorderhose beträgt also 19 cm.

An der Breite der Hinterhose wird 1 cm hinzugefügt: 20 + 1 = 21 cm. Die Breite der Hinterhose beträgt also 21 cm. Die für die Vorder- und Hinterhose berechnete Weite muss jeweils zu gleichen Teilen beidseits des Hosenbruchs verteilt werden.

Im gegebenen Beispiel erhält man:
19 ÷ 2 = 9,5 cm beidseits des Vorderhosenbruchs,
21 ÷ 2 = 10,5 cm beidseits des Hinterhosenbruchs.
Berechnen Sie die Saumbreite der Vorder- und Hinterhose wie im gezeigten Beispiel, jedoch mit Ihren eigenen Maßen. Verteilen Sie die erhaltenen Werte auf der Knielinie jeweils beidseits des Vorder- und Hinterhosenbruchs (**Bild 14**, rote Linien). Ab den erhaltenen Punkten ziehen Sie senkrechte Linien bis zur Saumlinie der Hose (**Bild 14**, schwarze Linien an Vorder- und Hinterhose).
Dann verbinden Sie dieselben Punkte der auf der Knielinie von Vorder- und Hinterhose abgetragenen Weite durch gerade Linien mit den Enden der Schrittspitze und der Seitenlinie (**Bild 14**, blaue Linien).

HINTERER ABNÄHER

Der Grundschnitt der Hinterhose wird ohne Abnäher in der Mitte des Schnittteils konstruiert, da dieser Abnäher für den Grundschnitt nicht unbedingt erforderlich ist. Je nach Modell oder Figur (z. B. bei einem starken Hohlkreuz) kann der Abnäher jedoch hinzugefügt werden.
Für die Konstruktion des Grundschnitts der Hinterhose wird das Maß von ¼ des Taillenumfangs verwendet (siehe S. 37, „Taillenlinie"). Um einen Abnäher anzubringen, müssen Sie also den Abnäherinhalt an der Taillenlinie hinzufügen (**Bild 15**, blaue Linie). Der Inhalt dieses Abnähers ist prinzipiell nie größer als 2 cm.
Markieren Sie die Mitte der Taillenlinie, dann ziehen Sie von dort senkrecht zur Taillenlinie eine Gerade von etwa 11 cm Länge (die Abnäherlänge). Dies ist die Abnähermitte. Verteilen Sie den Abnäherinhalt zu gleichen Teilen beidseits dieser Mitte.

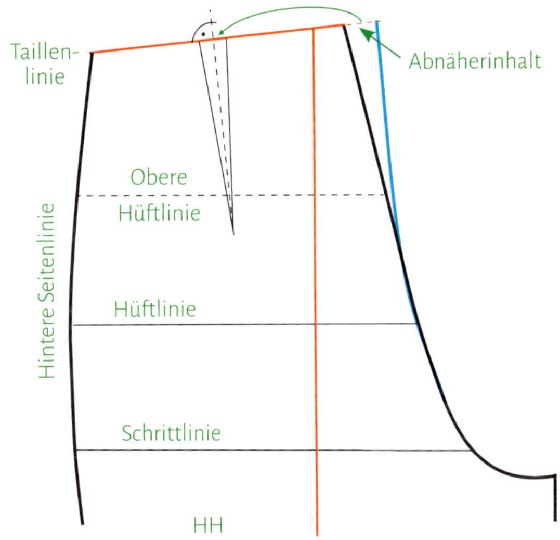

Bild 15

OBERSCHENKELUMFANG

Die Berücksichtigung des Oberschenkelumfangs ist sehr wichtig für die Schnittkonstruktion, vor allem bei einer Figur mit stärkeren Oberschenkeln.
Die Anpassung der Hose an die Beinform erfolgt bei der Anprobe, doch Sie müssen schon jetzt überprüfen, ob die vorgesehene Weite des Grundschnitts den tatsächlichen Körpermaßen entspricht.

Zeichnen Sie auf dem Schnittteil eine waagrechte Linie in Höhe des abgemessenen Oberschenkelumfangs ein (**Bild 16**, grüner Pfeil). Addieren Sie die Breite der Schnittteile von Vorder- und Hinterhose an dieser Linie und vergleichen Sie das Ergebnis mit dem abgemessenen Oberschenkelumfang.
Es kommt – wenn auch selten – vor, dass der gemessene Oberschenkelumfang größer ist als auf der Schnittzeichnung. Wenn die Differenz zwischen den beiden Werten 1 bis 2 cm beträgt, vergrößern Sie die Breite des Hosenausschnitts an der Schrittspitze um 2 cm und zeichnen Sie die Innenbeinnaht neu. Ist die Differenz größer und geht deutlich über 2 cm hinaus, sollten Sie unbedingt all Ihre gemessenen Maße und deren Verwendung in sämtlichen Schritten der Schnittkonstruktion überprüfen.

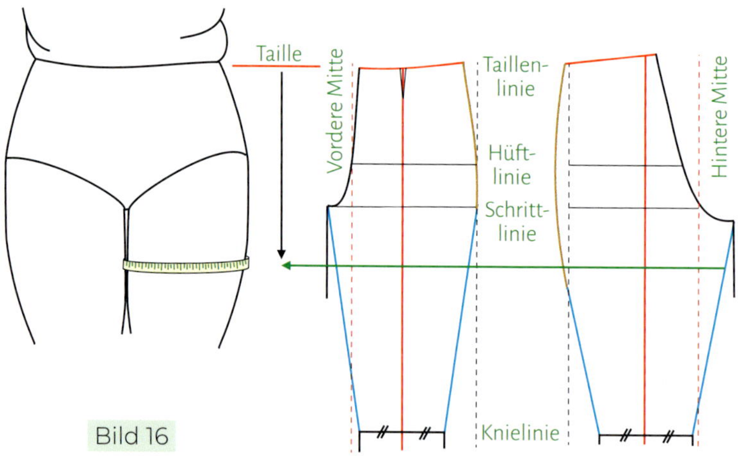

Bild 16

FORM DER INNENBEINNÄHTE

Die Form der Innenbeinnaht am Grundschnitt von Vorderhose und Hinterhose hängt vom Körperbau und der Form des Beines ab, das an der hinteren oder vorderen Partie üppiger sein kann. Grundsätzlich wird die Innenbeinnaht bei der Anprobe angepasst, doch auf dem Grundschnitt wird sie bereits als leicht geschwungene Linie eingezeichnet, die an Vorder- und Hinterhose etwa gleich verläuft.
Dazu die Mitte der Innenbeinnaht (**Bild 17**, blaue Linien) markieren. Von dort 1 cm zur Innenseite des Beines abtragen (**Bild 17**, kurze schwarze Linien). Die vordere und hintere Innenbeinnaht in einer leicht geschwungenen Linie, die über die zuvor gesetzte Markierung verläuft, neu zeichnen (**Bild 17**, grüne Linien).

Nun müssen noch die Ecken begradigt werden, die bei der Neuzeichnung von Innenbein- und Seitennaht entstanden sind (**Bild 17**, rote Kreise). Die Breite der unteren Partie von Vorder- und Hinterhose (senkrechte Linien) wird nicht verändert. Sie kann aber je nach Modell bei der Abwandlung des Grundschnitts in einen Modellschnitt angepasst werden.

WEITENZUGABEN

Wie viel Weitenzugabe (Bewegungszugabe) ein Kleidungsstück erhält, hängt im Grunde von den persönlichen Vorlieben ab – etwa davon, ob man eine Hose an Taille oder Hüfte lieber enger oder weiter trägt.

An den Umfanglinien (Taille, Hüfte) sind jedoch Mindestzugaben erforderlich, damit man eine Hose überhaupt anziehen kann. Dabei müssen auch die Stoffdicke und die Nahtzugaben berücksichtigt werden.

Diese Weitenzugaben werden an ganz bestimmten Stellen angefügt. Bei der Herstellung von Konfektionskleidung wird an der Taille in der Regel 1 cm für die kleineren Größen zugegeben, und für die größeren Größen werden 2 cm zugegeben. Die Zugabe an der Hüfte beträgt 4 bis 6 cm (**Bild 18**, grüne Linien). Die Zugaben in der Höhe werden in der Regel erst bei der Anprobe vorgenommen, da das Maß der Sitzhöhe (Leibhöhe) vorher nie ganz exakt zu bestimmen ist (siehe S. 18, **Bild 13**).

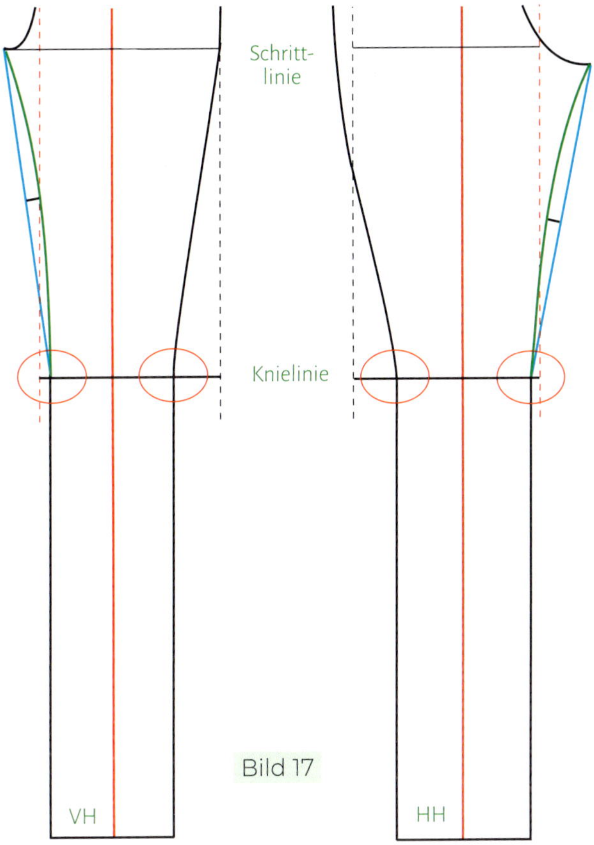

Bild 17

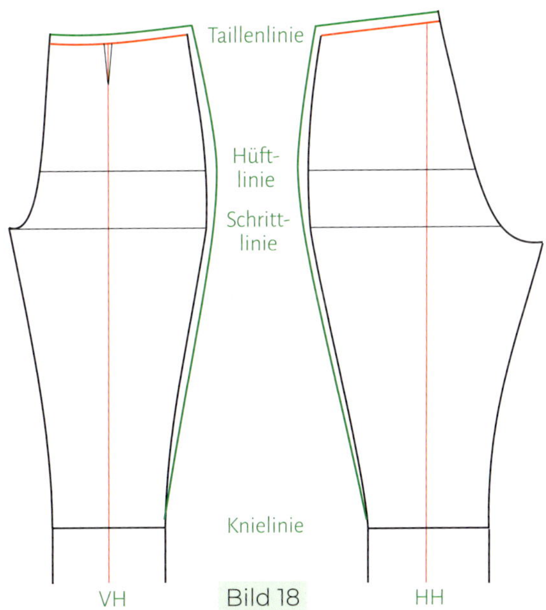

Bild 18

Anmerkung

In einigen figurbedingten Spezialfällen wird die Erweiterung in der Höhe durch eine Vertiefung der Schrittnaht erreicht. Die Zugabe im Schritt wird dabei durch eine Verlängerung der Schrittnaht in der Taille erzielt (**Bild 18**, grüne Linien).

KONTROLLE DES GRUNDSCHNITTS – ABGLEICHEN DER KANTEN

Nach der Überprüfung, ob bei den Maßen, die bei der Konstruktion nicht verwendet werden („Oberschenkelumfang“, S. 22, oder „Wadenumfang“, S. 23), das am Körper gemessene Maß und die Schnittzeichnung übereinstimmen, müssen die aneinanderstoßenden Kanten kontrolliert werden, damit man beim Zusammenfügen oder bei der Anprobe keine unangenehme Überraschung erlebt.

Alle Kanten aneinanderstoßender Partien der Hose müssen glatt ineinander übergehen, ohne Brüche oder Verformungen wie Dellen, Ausbeulungen oder Höhenunterschiede: hintere mit vorderer Schrittnaht (**Bild 19A**), hintere mit vorderer Seitennaht (**Bild 19B**), vordere Mitte (**Bild 19C**), hintere Mitte (**Bild 19D**).

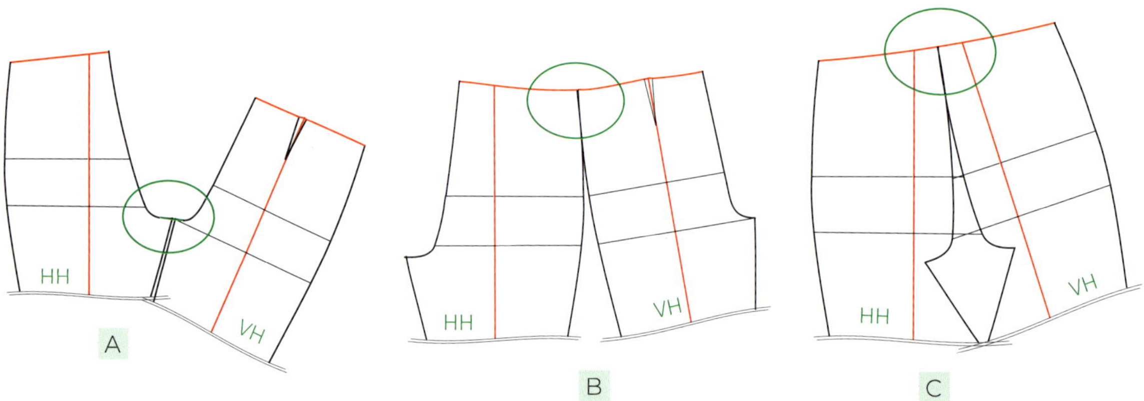

Bild 19

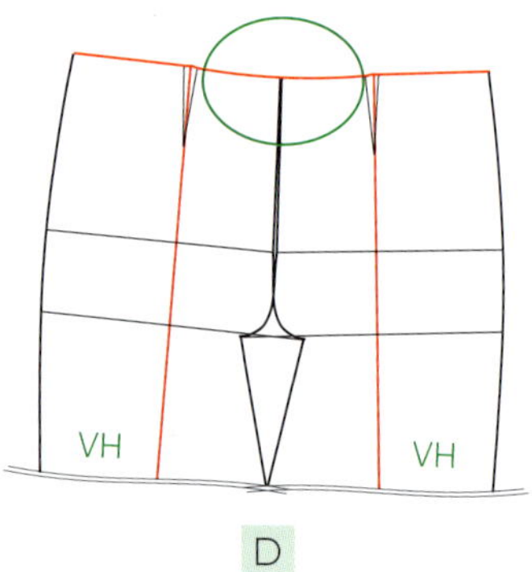

Wichtig

Das Abgleichen der Kanten an der Schnittzeichnung erfolgt nach dem Hinzufügen der Weitenzugaben, jedoch stets vor dem Anzeichnen der Nahtzugaben.

ABWANDLUNG DES HOSEN-GRUNDSCHNITTS

Für die Anfertigung eines bestimmten Hosenmodells wird der Grundschnitt abgewandelt. Dabei wird er korrigiert und an die Figur der jeweiligen Person angepasst.

Grundlage der Durchführung von Schnittabwandlungen ist das Beherrschen der Grundschnittkonstruktion.

Eine Schnittabwandlung lässt sich nicht verstehen, wenn man die Bedeutung der virtuellen Linien (Taillenlinie, Hüftlinie etc.) am Körper nicht kennt, wenn man kein Verständnis für die Proportionen hat, keine Abnäher und Teilungsnähte anbringen kann und nicht weiß, wie der korrekte senkrechte Fall eines Kleidungsstücks kontrolliert wird.

Die Abwandlungen des Grundschnitts können einfach oder kompliziert sein. Der Schwierigkeitsgrad hängt nicht nur von Ihren Kenntnissen im Bereich der Schnittkonstruktion ab, sondern auch von der Komplexität eines Modells sowie von Ihrer Fähigkeit, das Modell zu analysieren und die Reihenfolge der Schritte der Schnittabwandlung zu planen.

BESONDERHEITEN DER ABWANDLUNG

Die Abwandlung eines Hosengrundschnitts erfolgt nach ganz präzisen Regeln, genau wie die Abwandlung eines Ärmels oder eines Rockes.

Die Regeln sind dabei allerdings nicht ganz so streng wie bei einem Oberteil, insbesondere z. B. hinsichtlich des Anbringens von Teilungsnähten.

Doch auch wenn die Regeln der Abwandlung eines Hosenschnitts vermeintlich einfacher sind, ist eine sorgfältige Organisation der Arbeit und eine korrekte Planung der einzelnen Schritte erforderlich. Dazu muss das gewünschte Modell analysiert werden, und man muss wissen, auf welche Elemente es ankommt, damit die Abwandlung gelingt.

Um den Prozess der Abwandlung des Grundschnitts zu einem gewünschten Modell wirklich zu verstehen, müssen Sie sich die nötige Zeit nehmen, um das Modell zu analysieren. Wichtig hierbei ist, dass Sie mit einfachen Modellen beginnen und den Schwierigkeitsgrad allmählich steigern.

Tipp

Die Schnittabwandlung ist ein weites und komplexes Gebiet. Zur Vertiefung und Erweiterung Ihrer Kenntnisse können Sie das Buch *Schnittkonstruktion in der Mode – Maßschnitte* von Teresa Gilewska (Stiebner Verlag) hinzuziehen.

EIN MODELL RICHTIG LESEN

Vor Beginn der Schnittabwandlung müssen Sie entschlüsseln, aus welchen Elementen das Modell besteht.

Das gründliche Studieren der Modellzeichnung führt Sie zur Analyse des Modells und ermöglicht es Ihnen, eine präzise Auflistung aller durchzuführenden Aufgaben zu erstellen. Daraus leiten Sie dann alle einzelnen Schritte der Schnittabwandlung ab.

Zuerst müssen Sie eine **allgemeine Beschreibung des Modells** erstellen, wie man es auf **Bild 1** sieht: Länge, Breite, Erweiterungen, Taillenhöhe etc.

Darauf erfolgt eine **detaillierte Beschreibung des Modells** bei der zwischen Vorderhose und Hinterhose unterschieden wird: Höhe der Taschen und des Sattels, Art des Verschlusses etc.

Die Anfertigung einer **technischen Zeichnung** hilft, einen genauen Überblick über alle notwendigen Informationen zu bekommen. Es ist jedoch auch möglich, alle Elemente und durchzuführenden Abwandlungen aufzulisten und zu ordnen. Beide Methoden sind korrekt, und Sie können wählen, welche Ihnen lieber ist.

Bild 1

Für die technische Zeichnung gibt es keine strikten Vorgaben, denn eine jede Modellinterpretation unterscheidet sich je nach den individuellen Vorkenntnissen, Vorstellungen und der persönlichen Hierarchie, also der Beurteilung der Wichtigkeit der einzelnen Elemente.

Die auf der technischen Zeichnung notierten Anweisungen sind also individuell. Dennoch müssen Sie sich die nötige Zeit nehmen, um alle Details genau zu betrachten, denn die Qualität der Schnittabwandlung und die Effizienz Ihrer Arbeit hängen zu einem guten Teil davon ab, wie präzise und relevant Ihre Angaben sind.

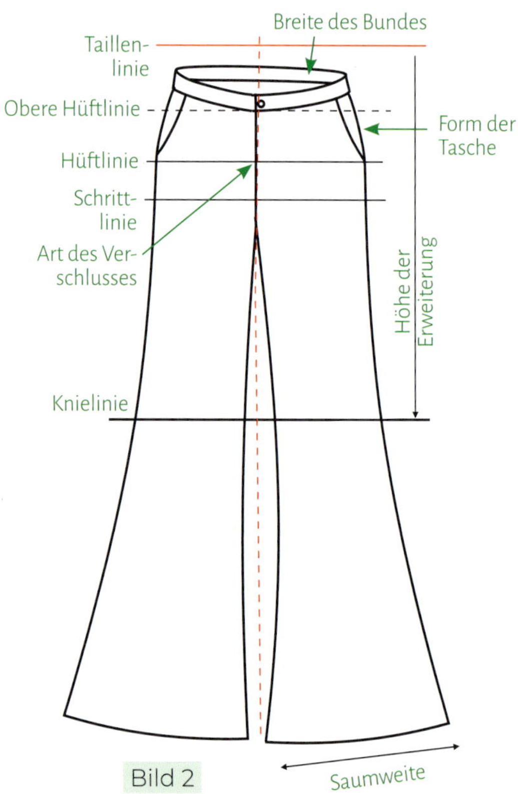

Bild 2

Platzierung der Einschnittlinien

Es gibt zwei verschiedene Gründe für das Anbringen von Einschnittlinien an einer Hose.

- **Technische Gründe:** zur Erweiterung einer bestimmten Partie oder auch zur Materialersparnis, z. B. durch Einsatz eines Stoffsattels an einer Lederhose.
- **Ästhetische/Dekorative Gründe:** Einschnittlinien zum Anbringen von Taschen oder Abnähern, z. B. an einer Jeans.

Die Einschnittlinien können beliebig und ohne Einschränkung senkrecht, waagrecht oder diagonal angebracht werden, je nach gewähltem Modell (**Bild 3**, rote, grüne und blaue Linien).

Sie sollten jedoch unbedingt vermeiden, Einschnittlinien an der Rundung der Schrittnaht zu platzieren. Dies könnte zu Verformungen und Veränderungen am Sitz der Hose führen, die sich in den meisten Fällen nicht mehr korrigieren lassen (**Bild 3**, rote Kreise).

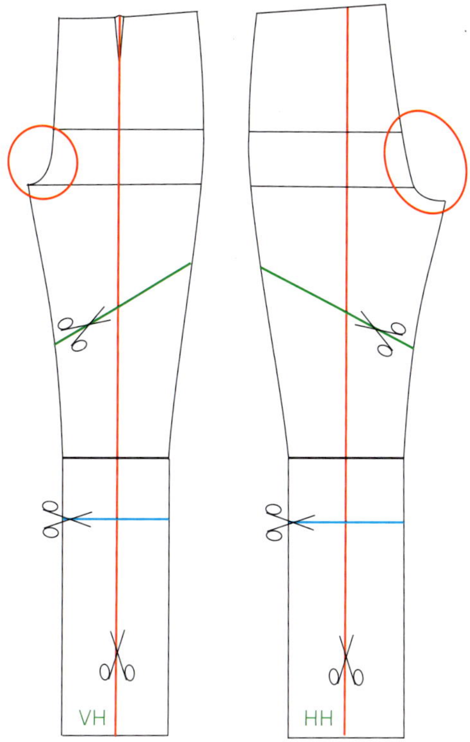

Bild 3

Wichtig

Die Form der Schrittnaht (Hosenausschnitt) wird bei der Schnittabwandlung niemals verändert.

Erweiterung der Hose

Bei den meisten Modellen bedeutet die Abwandlung des Hosengrundschnitts eine Erweiterung der oberen Partie (z. B. bei der Bundfaltenhose) oder eine Schrägstellung der senkrechten Linien an der unteren Partie (wie bei einer ausgestellten Hose).

Die Erweiterung der oberen Hosenpartie wird prinzipiell ab der Knielinie vorgenommen (**Bild 4**, grüne Linien am Vorderhosenteil). Die Erweiterung der unteren Hosenpartie erfolgt ab der Hüftlinie für Schrägstellungen der Seitenlinie und ab der Schrittlinie für Schrägstellungen der Innenbeinnaht (**Bild 4**, grüne Linien am Hinterhosenteil).

Um den senkrechten Fall der Hose zu bewahren, müssen die Proportionen, also die bei den ursprünglichen Maßen vorgenommene ausgewogene Verteilung beidseits des Hosenbruchs, beibehalten werden.

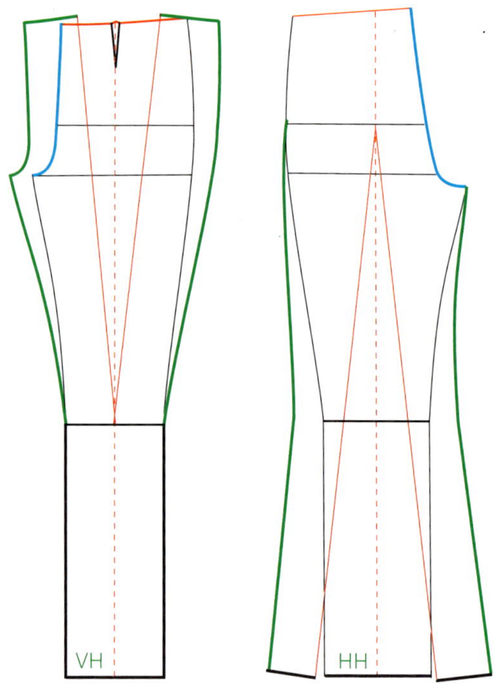

Bild 4

Zur Erweiterung der oberen oder unteren Hosenpartie wird die Technik der Einschnittlinien angewendet. Um die Hose unten leicht auszustellen, wird die Einschnittlinie am Hosenbruch platziert (**Bild 3**). Soll die untere Hosenpartie hingegen weiter ausgestellt werden, müssen mehrere Einschnittlinien in gleichmäßigem Abstand angebracht werden (siehe die Shorts auf S. 116).

Gut zu wissen

Im Folgenden widmet sich dieses Kapitel ausschließlich der Abwandlung des Grundschnitts zu verschiedenen Hosenmodellen unterschiedlicher Stilrichtungen. Sie finden hier weder die neuesten Modetrends noch kopierfertige Schnittmuster. Vielmehr werden anhand ausgewählter Modelle mit zunehmendem Schwierigkeitsgrad detailliert die verschiedenen Techniken der Schnittabwandlung erläutert mit dem Ziel, dass Sie lernen, korrekte Abwandlungen des Grundschnitts vollkommen selbstständig durchzuführen.

MODELL 1

Angestrebte Kompetenzen

Konstruktion eines schmal geschnittenen Modells und diverser Elemente der Hose: gerader Bund, Aufschlag am Saum.

Beschreibung des Modells

Diese Hose wird in der Taille von einem geraden Bund gehalten. Sie läuft unten etwas schmaler zu und hat am Saum einen Aufschlag. Mit den typischen Bügelfalten, dem figurnahen Schnitt und dem Aufschlag ist ihre Stilrichtung klassisch-elegant. Dieser Hosentyp wird oft mit einem Blazer kombiniert. Blazer und Hose bilden zusammen ein zweiteiliges Ensemble, den Hosenanzug, für den stets Webstoff verwendet wird, niemals Stretchstoff.

Technische Zeichnung

Bei diesem Modell basiert die Abwandlung des Grundschnitts in erster Linie auf zwei Aspekten: auf der Saumweite der Hose und der Höhe des Aufschlags.

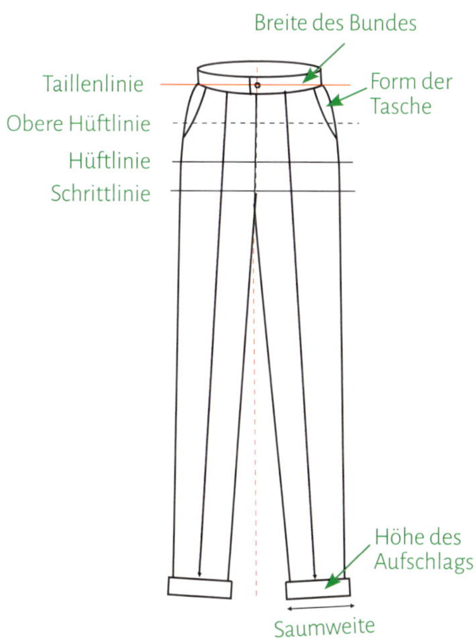

Bild 5

Die Saumweite der Hose wird anhand des Ristumfangs bestimmt (siehe S. 23, **Bild 21**). Die Standardhöhe eines Aufschlags liegt bei 5 bis 7 cm. Das genaue Maß hängt von der Qualität des verwendeten Stoffes ab, jedoch auch von der Saumweite.

Schnittabwandlung – Schritt für Schritt

1. Saumweite der Hose

Um den Hosengrundschnitt (siehe S. 29–42) in einen Schnitt für eine enge Hose abzuwandeln, wird die Beinweite in der Regel ab der Knielinie verändert. Jedoch spielt hier auch die individuelle Körperform eine große Rolle.

Bestimmen Sie zunächst die Saumweite anhand des gemessenen Ristumfangs (S. 23, **Bild 21**). Verteilen Sie die neue Saumweite zu gleichen Teilen auf die Vorder- und die Hinterhose.

Dazu messen Sie die Saumweite auf dem Grundschnitt und ziehen davon den Ristumfang ab. Das Ergebnis teilen Sie durch 4.

Beispiel: Bei einem Ristumfang von 32 cm und einer Saumweite von 40 cm auf dem Grundschnitt ergibt dies: 40 – 32 = 8 ÷ 4 = 2. Sie müssen also die Saumweite der Hose beidseits des Vorder- und Hinterhosenbruchs um jeweils 2 cm reduzieren.

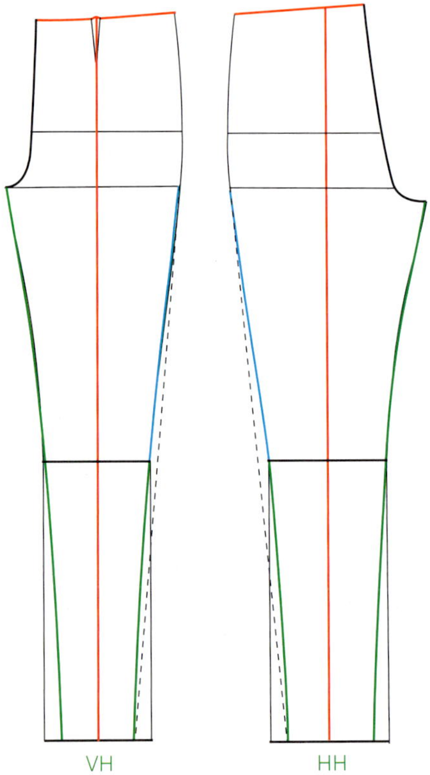

Bild 6

Dazu auf der Saumlinie beidseits ab den Seitennähten jeweils 2 cm (oder Ihr berechnetes Maß) abtragen. Diese Punkte durch gerade Linien mit den Endpunkten der Knielinie verbinden (**Bild 6**, grüne Linien).

Zeichnen Sie die untere Hosenpartie wie im gezeigten Beispiel, jedoch mit Ihren eigenen Maßen.

Der Übergang zur oberen Hosenpartie muss in Höhe der Knielinie ganz glatt sein – ohne Ecken und Kanten. An der Innenbeinnaht ergibt sich in der Regel von selbst ein glatter Übergang – falls nicht, begradigen Sie eventuelle Ungleichmäßigkeiten in Höhe der Knielinie, indem Sie mithilfe eines Kurvenlineals eine leicht geschwungene Linie zeichnen. Die Seitenlinien hingegen müssen aus optischen Gründen unbedingt exakt gerade bleiben.

Doch auch an der Seitennaht muss ein bruchloser Übergang der unteren Hosenpartie (**Bild 6**, grüne Linien) zur oberen Hosenpartie (**Bild 6**, blaue Linien) erfolgen. Ist dies nicht der Fall und weist die Linie einen Bruch, eine Ecke oder Ausbeulung auf, müssen Sie die gesamte Seitennaht vom Saum bis zur Schrittlinie in einer geraden Linie neu zeichnen (**Bild 6**, gestrichelte schwarze Linien).

2. Konstruktion des Aufschlags

Bevor Sie mit der Konstruktion des Aufschlags beginnen, müssen Sie die Neigung der Saumlinie bestimmen. In der Regel wird die Saumlinie einer engen Hose waagrecht gezeichnet (**Bild 7A**, in Blau), die Saumlinie einer weiten Hose hingegen schräg (**Bild 7B**, in Gelb). Aufgrund der reduzierten Saumweite der engen Hose ist eine Schrägstellung hier nicht möglich. An einer Hose mit schräg gestelltem Aufschlag (**Bild 7B**) muss die Neigung minimal sein, da durch die Lagen des schrägen Aufschlags am

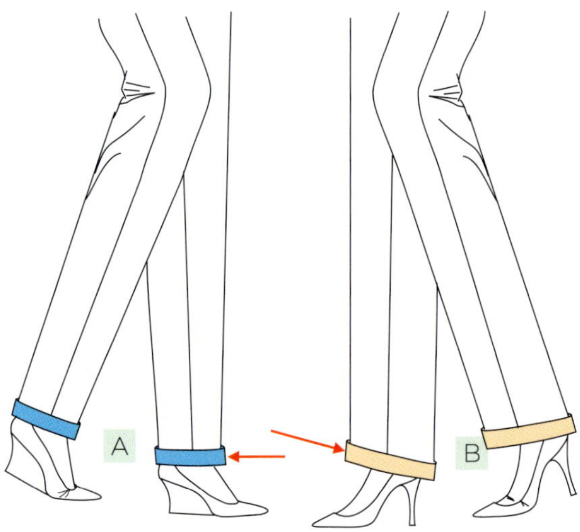

Bild 7

Hinterhosenbruch zu viel Stoff vorhanden ist, der dafür am Vorderhosenbruch in der Breite fehlt. Aufgrund dieses technischen Problems muss der Aufschlag separat konstruiert und anschließend am Hosensaum angenäht werden.

Ein Aufschlag an einer engen Hose mit gerade gezeichneter Saumlinie (**Bild 7A**) kann auf verschiedene Weise konstruiert werden:

- durch Anzeichnen der Breite des einfachen oder doppelten Umschlags an der Hosenlänge
- durch Konstruktion eines separaten Aufschlags, der dann am Hosensaum platziert und mit einer geraden Naht festgesteppt wird.

Der einfache Aufschlag besteht aus nur einem Umschlag. Daher muss er separat aus dem Hosenstoff zugeschnitten und am Saum angenäht werden. Dieser Aufschlag wird bei Modellen aus leichten, fließenden Stoffen verwendet, da er nicht so schwer ist und so die Hose nicht nach unten zieht. Die Verbindungsnaht verleiht dem Aufschlag außerdem Stabilität und Stand.

Die Breite des Aufschlags hängt von verschiedenen Aspekten ab: von der Stoffqualität (dünn, fließend etc.), der Saumweite der Hose, dem Modell (mit oder ohne Bügelfalte) und nicht zuletzt von den persönlichen Vorlieben. Die gängigste Aufschlagbreite liegt zwischen 4 und 7 cm.

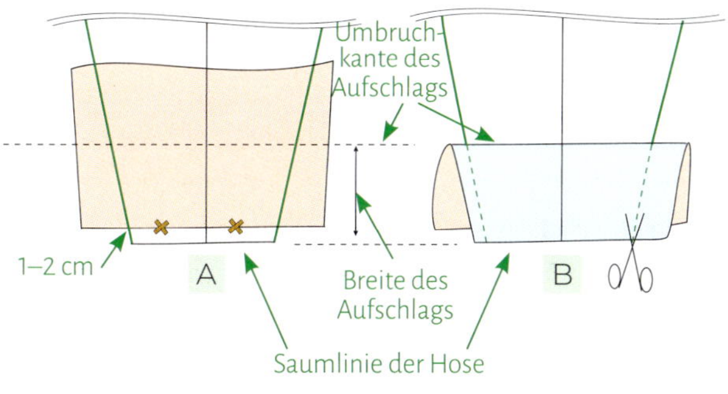

Bild 8

Das Schnittmuster des Aufschlags muss auf der Basis der unteren Hosenpartie am abgewandelten Hosenschnitt (**Bild 6**) konstruiert werden.

Dazu ein Stück Papier etwa 1 bis 2 cm von der Saumlinie entfernt auf die untere Partie des Hosenschnitts legen und mit Klebeband oder Stecknadeln festheften (**Bild 8A**, in Beige). Die gewünschte Aufschlagbreite bestimmen und diese ab der Saumlinie der Hose abmessen (**Bild 8A**, gestrichelte schwarze Linie). Das Papier an der Umbruchkante des Aufschlags falten und die Form der unteren Hosenpartie nachzeichnen (**Bild 8B**, in Blau). Das Papier entlang der Linien ausschneiden.

Je ein Aufschlagteil für die Hinterhose und für die Vorderhose konstruieren.

An den fertigen Schnittteilen des Aufschlags die Nahtzugaben hinzufügen und die Teile so an die Unterkante der Hose stecken, dass die Nahtzugaben auf der Innenseite des Aufschlags liegen, also zwischen dem Aufschlag und der rechten Stoffseite der Hose (**Bild 9**).

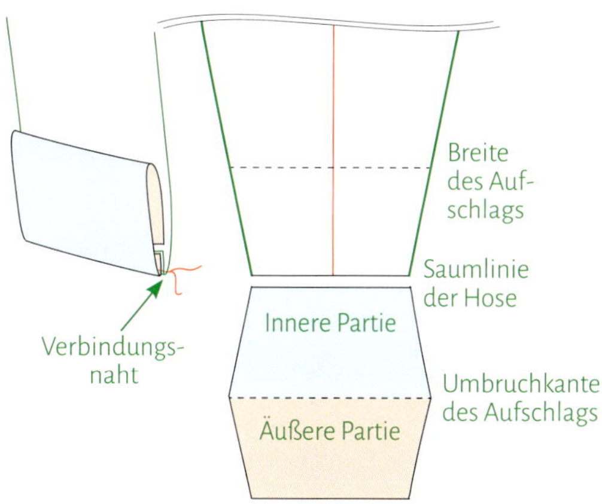

Bild 9

Der doppelte Aufschlag wird durch Verlängerung der Hosenlänge konstruiert. Der Betrag des Aufschlags besteht aus einem doppelten Umschlag (einem oberen und einem unteren Umschlag) sowie einem auf die Innenseite der Hose umgeschlagenen Saum. Diese Konstruktion wird nicht sehr häufig verwendet, da sie viel Stoff verbraucht. Um Stoff zu sparen, wird der Aufschlag meist separat konstruiert und dann mit der Nähmaschine an die Unterkante der Hose genäht.

Der doppelte Aufschlag eignet sich für alle Hosenmodelle, ob sie gerade, unten eng oder ausgestellt sind, und er kann aus jedem Stoff angefertigt werden. Der erste Umschlag des Aufschlags (**Bild 11**, in Grün) wird durch eine Verbindungsnaht auf halber Höhe des Umschlags an der Hose befestigt und durch das Annähen des Saumes zusätzlich fixiert.

Für den Aufschlag das Schnittpapier an der Saumlinie der Hose falten (**Bild 10A**, grüne Linie). Die Breite des Aufschlags festlegen. Für den zweiten Umschlag das Papier in Gegenrichtung zum ersten Umschlag falten (**Bild 10A**, blaue Linie). Die Konstruktion durch einen letzten Umschlag an der Unterkante der Hose fertigstellen (**Bild 10A**, braune Linie). Die Saumbreite festlegen: Der Saum wird in der Regel auf halber Höhe des Aufschlags befestigt.

Die Umbruchkanten sorgfältig falzen. Achtung, sie müssen exakt parallel liegen. Die Linien der Beinweite der Hose nachzeichnen und das Papier an diesen Linien ausschneiden (**Bild 10B**).

Auf dem fertigen Schnitt der Hose mit doppeltem Aufschlag müssen unbedingt auf jeder Linie der Umschläge die Passzeichen präzise eingezeichnet werden. Da die Linien von Vorder- und Hinterhose unterschiedlich geformt sind, könnten fehlende Passzeichen dazu führen, dass die Teile falsch zusammengenäht werden.

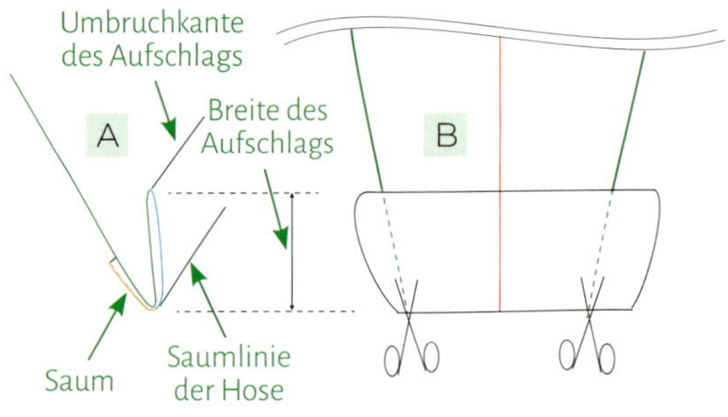

Bild 10

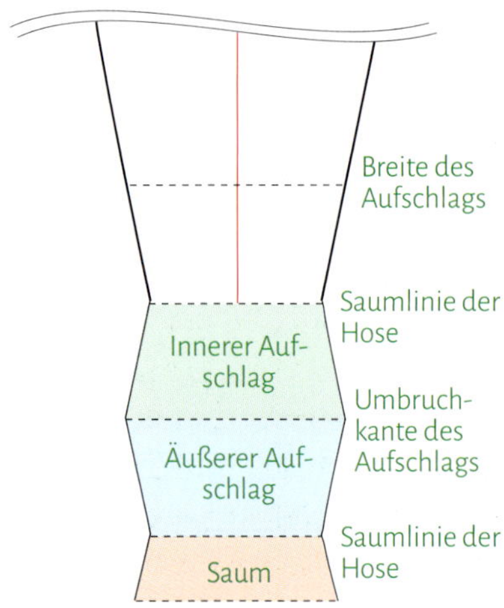

Bild 11

3. Der gerade Bund

Der gerade Bund wird generell nur an Modellen (Rock oder Hose) angebracht, die ab der Taille konstruiert werden. Ein Bund, der in Höhe der oberen Hüftlinie sitzt oder über die Taillenlinie hinaus erhöht wird, muss der Körperform angepasst werden (Formbund).

Der gerade Bund wird häufig in einem Stück konstruiert, um zu vermeiden, dass seine Länge durch dicke Stofflagen von Nahtzugaben verfälscht wird.

Wenn man Stoff sparen möchte, kann man den Bund jedoch auch in mehreren Teilen zuschneiden: in zwei Teilen (einer hinteren und einer vorderen Partie mit einer Naht an jeder Seite) oder in drei Teilen (mit einer Naht an der hinteren Mitte und zwei Seitennähten).

Bild 12

In allen Fällen (Konstruktion in einem, zwei oder drei Teilen) ist jedoch wichtig, jedes Teil in der gleichen Richtung zuzuschneiden: parallel zur Webkante.

Die Breite des in der Taille sitzenden geraden Bundes beträgt durchschnittlich 4 cm (**Bild 13**). Breiter darf der Bund nicht sein, sonst knickt er zu leicht um. Ist er hingegen zu schmal, könnte er unbequem sein. Beides ist den Körperbewegungen geschuldet: Der Abstand zwischen der untersten Rippe und dem Beckenknochen beträgt an der Seite der Taille etwa 4 cm. Für einen guten Tragekomfort muss man diese Gegebenheiten des Körpers berücksichtigen.

Die Breite der Knopfleiste

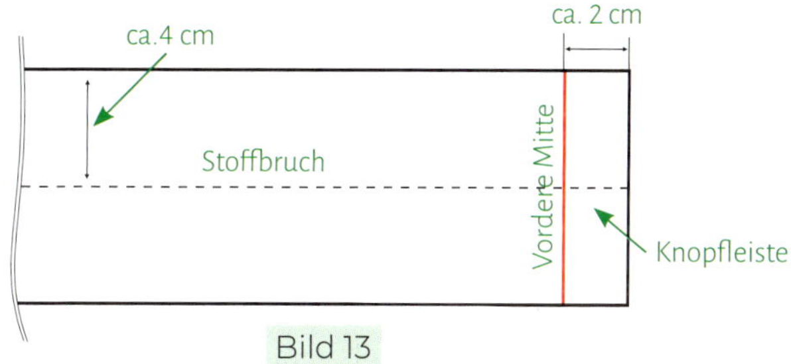

Bild 13

Je nach gewählter Art (Reißverschluss, nahtverdeckter Reißverschluss, verdeckte Knopfleiste etc.) und Position des Hosenverschlusses (seitlich, vordere oder hintere Mitte) kann am Bund eine Knopfleiste angebracht werden.

Am gezeigten Modell wird an beiden Kanten der Schlitzöffnung an der vorderen Mitte ein Reißverschluss angenäht.

Die Funktion der Knopfleiste besteht darin, das Ende des Taillenbunds zu verstärken und durch einen Knopf oder Hakenverschluss in seiner Position zu halten. So wird die ursprüngliche Taillenlänge bewahrt. Die Knopfleiste sollte unauffällig und daher nicht zu breit sein. Eine gängige Breite ist 2 cm (**Bild 13**, in Blau).

Tipp

Detaillierte Informationen zum Anbringen von Verschlüssen ebenso wie zur Konstruktion der verschiedenen Bundarten finden Sie in Teresa Gilewska, *Schnittkonstruktion in der Mode: Zusammennähen und letzter Schliff* (Stiebner Verlag).

MODELL 2

Angestrebte Kompetenzen

Erweiterung der oberen Hosenpartie durch Kellerfalten. Konstruktion einer Tasche in der Seitennaht.

Beschreibung des Modells

Diese Hose wird in der Taille von einem geraden Bund gehalten und hat Taschen in den Seitennähten. Die Hose hat keine Bügelfalten; eine Kellerfalte sitzt an der Stelle des Hosenbruchs und springt etwa bis zur Höhe des Oberschenkels auf. Aus ästhetischen Gründen wird diese Art Falte in der Regel nicht an unten ausgestellten Hosen angebracht, sondern eher an Modellen mit geradem oder schmalem Bein.

Technische Zeichnung

Vor Beginn der eigentlichen Abwandlung müssen einige Maße festgelegt werden, z. B. Breite und Länge der in der Taille angebrachten Falten, die Saumweite der Hose, die Position der Nahttaschen etc.

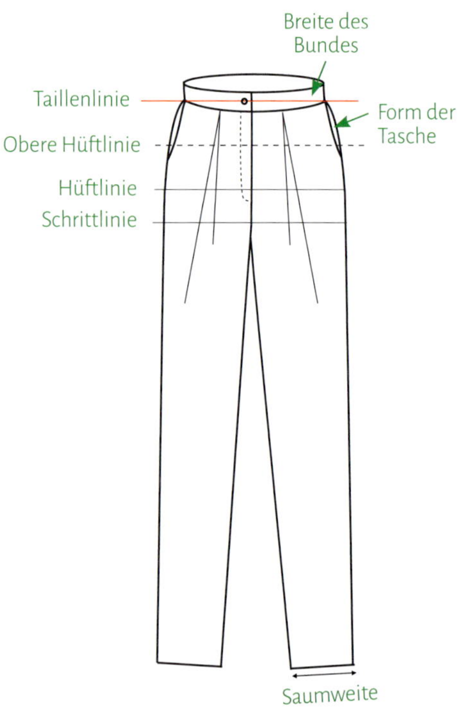

Bild 14

Für dieses Modell ist daher die Anfertigung einer technischen Zeichnung besonders hilfreich, da man darauf alle für die Abwandlung benötigten Informationen festhalten kann (**Bild 14**).
Zuerst anhand des Ristumfangs (S. 23, **Bild 21**) die Saumweite bestimmen.
Um die Breite der Falten an der Taille festzulegen, müssen Sie aus dem ausgewählten Stoff zunächst ein Muster anfertigen. Je nach Stoffqualität (dünn, dick, fest, fließend, leicht oder schwer) können Falten derselben Breite ganz unterschiedlich wirken.

Die Schritte der Schnittabwandlung

1. Faltentiefe

Die Faltentiefe wird durch zwei Aspekte bestimmt: die Stoffqualität und die gewünschte Länge. Um zu entscheiden, bei welcher Tiefe die Falte den gewünschten Effekt hat, müssen Sie aus dem gewählten Stoff zuerst ein Muster nähen.

Bild 15

Zunächst die Faltenhöhe festlegen: kürzer oder länger (**Bild 15A** und **15B**). Am gewählten Stoff im Fadenlauf eine Kellerfalte von beispielsweise etwa 10 cm Gesamtbreite abstecken.

Den Stoff mit der Probefalte so an den Körper halten, dass die Falte in der Taille sitzt und mit der Körperform harmoniert (**Bild 15C**).

Beobachten Sie, wie sich der Stoff verhält, und vergrößern oder reduzieren Sie die Faltentiefe bis zum gewünschten Effekt.

Die Kellerfalte setzt sich aus dem Faltenboden (**Bild 16**, in Grün) und der Faltentiefe (**Bild 16**, in Blau) zusammen. Um zu berechnen, welche Stoffmenge für die Falte hinzugefügt werden muss (gesamter Falteninhalt der Kellerfalte), müssen Sie also die Breite des Faltenbodens plus 2x die Faltentiefe addieren. Wichtig ist, dass Sie Knipse für die Position der Faltenbrüche anbringen, damit Sie die Falte korrekt legen können.

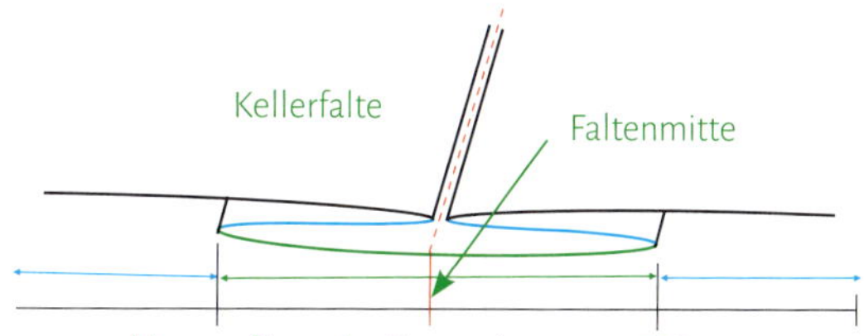

Bild 16

2. Saumweite der Hose

Für den Modellschnitt einer engen Hose wird die Beinweite in der Regel ab der Knielinie abgeändert. Am gezeigten Modell mit Kellerfalten in der Taille werden jedoch nach Hinzufügen des Falteninhalts sowohl die Seitennaht als auch die Innenbeinnaht komplett neu gezeichnet.

Zunächst anhand des gemessenen Ristumfangs (S. 23, **Bild 21**) die Saumweite bestimmen. Die neue Saumweite zu gleichen Teilen auf die Vorder- und die Hinterhose verteilen. Dazu die Saumweite auf dem Grundschnitt abmessen und davon den Ristumfang abziehen. Das Ergebnis durch 4 teilen.

*Beispiel: Bei einem Ristumfang von 32 cm und einer Saumweite von 40 cm auf dem Grundschnitt ergibt dies: 40 – 32 = 8 ÷ 4 = 2. Sie müssen also die Saumweite der Hose beidseits des Vorder- und Hinterhosenbruchs um jeweils 2 cm reduzieren (**Bild 17**).*

Berechnen Sie die Saumweite wie im gezeigten Beispiel, jedoch mit Ihren eigenen Maßen.

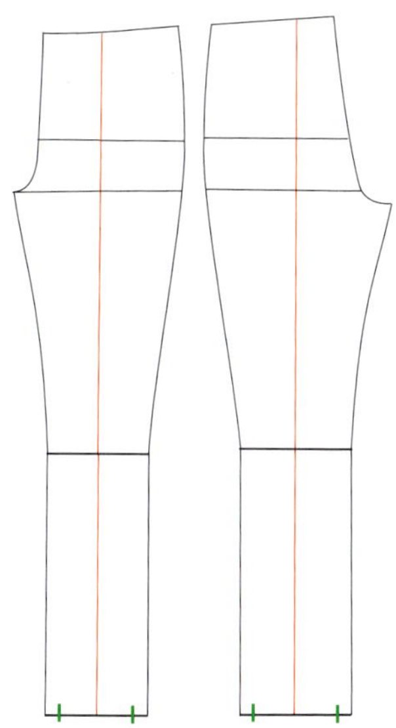

Bild 17

Auf der Saumlinie der Vorder- und Hinterhose von beiden Seiten 2 cm (oder Ihr berechnetes Maß) nach innen abtragen und markieren (**Bild 17**, kurze grüne Linien). Diese Markierungen werden unbedingt benötigt, um nach dem Anfügen des Falteninhalts an der Taille die Seitennähte und Innenbeinnähte neu zu zeichnen.

3. Einschnittlinien an der Vorderhose

Zur Abwandlung des Hosengrundschnitts gehört auch die Platzierung der Kellerfalte an den Hosenbeinen. Die verlässlichste Methode dafür ist das Einschneiden. Daher muss nun die Position der Einschnittlinien bestimmt werden.

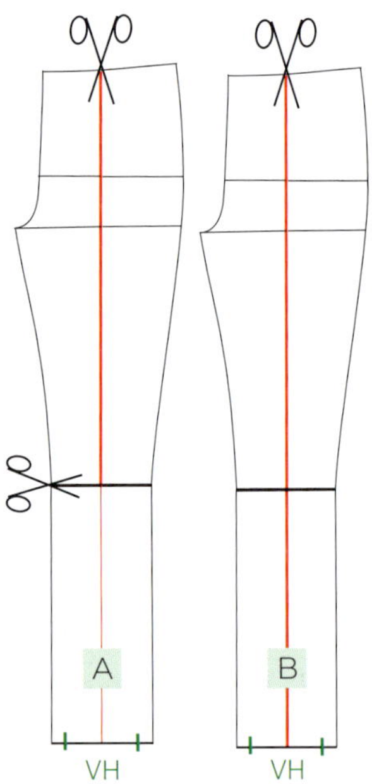

Bild 18

Ganz gleich welche Partie einer Hose abgewandelt werden soll: Als Einschnittlinie für jedes Ausstellen in Längsrichtung dient in der Regel der Hosenbruch (siehe S. 49).
Die Länge der Einschnittlinie hängt vom Falteninhalt der Kellerfalte ab. Ist dieser nur schmal, wird auch die Faltenhöhe reduziert (siehe **Bild 15B**). In diesem Fall kann auch lediglich die obere Partie der Hose ab der Knielinie) ausgestellt werden.
Eine erste Einschnittlinie auf der Knielinie markieren, dann eine zweite entlang des Hosenbruchs, von der Taille bis zur Knielinie (**Bild 18A**).
Ist der Falteninhalt jedoch größer (siehe **Bild 15A**), müssen die Segmente des Schnittteils ab dem Saum voneinander getrennt werden, um die Proportionen zwischen unterer und oberer Hosenpartie zu wahren. Die Einschnittlinie entspricht dann der gesamten Länge des Hosenbruchs von der Taille bis zum Saum (**Bild 18B**).
Das Schnittteil der Vorderhose an den je nach Falteninhalt der Kellerfalte festgelegten Einschnittlinien einschneiden (**Bild 18A** oder **18B**). Achtung, der Abnäherinhalt des Taillenabnähers muss gestrichen werden (**Bild 18**), sonst stimmt nach dem Anbringen der Falte der Taillenumfang nicht mehr.

4. Trennen der Segmente

Auf einem separaten Bogen Papier (**Bild 19**, in Grau) eine senkrechte Linie ziehen (rot gestrichelt). An deren oberem Ende eine kurze Waagrechte einzeichnen (schwarz gestrichelte Linie). Auf dieser den gesamten Falteninhalt der Kellerfalte abtragen, und zwar zu gleichen Teilen beidseits der senkrechten Linie (siehe **Bild 16**). Diese Punkte markieren.
Das untere Ende der senkrechten Einschnittlinie am Hosenbruch des Schnittmusters und das untere Ende der auf dem separaten Bogen gezeichneten Senkrechten (**Bild 19B**, rot gestrichelte Linie) genau aufeinanderlegen. Auf dem Papier eines der beiden voneinander getrennten Segmente so verschieben, dass das Ende der Taillenlinie genau auf der Markierung des Falteninhalts liegt. Das zweite Segment auf die gleiche Weise auf die zweite Faltenmarkierung auf der anderen Seite der Mittellinie legen.
Die Segmente mit Klebeband oder Stecknadeln fixieren, damit sie nicht verrutschen.

Im Falle des Einschnitts bis zur Knielinie (**Bild 19A**) zuerst die untere Hosenpartie und den separaten Bogen Papier so aufeinanderlegen, dass die Linie des Hosenbruchs und die Mittellinie der Kellerfalte deckungsgleich sind.
Bei beiden Abwandlungen (**Bild 19A** und **19B**) die Seitennaht neu zeichnen, d. h. die Markierung der neuen Saumweite mit der Seitenlinie in Höhe der Hüftlinie verbinden (**Bild 19A** und **19B**, in Grün).
Dann die Innenbeinnaht neu zeichnen: Die Markierung der Saumweite mit der Schrittspitze verbinden (**Bild 19**, grüne Linien).
Die Linien müssen durchgehend und gleichmäßig sein – ohne Brüche, Spitzen oder Ecken.

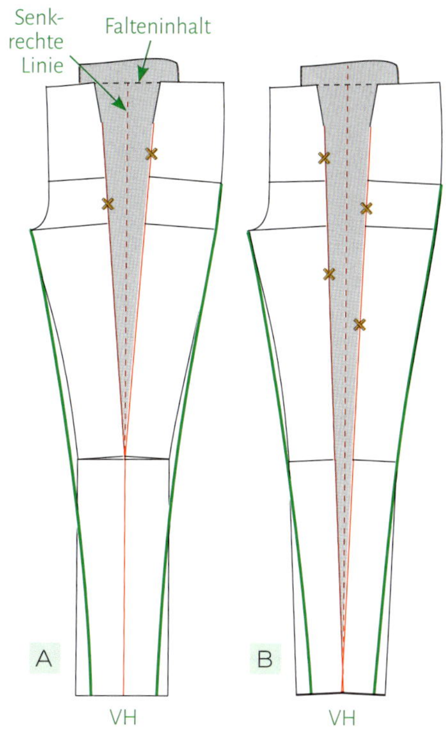

Bild 19

5. Hinterhose

Die Abänderung des Hinterhosenschnitts besteht darin, die Seitennaht und die Innenbeinnaht neu zu zeichnen. Die Innenbeinnaht wird in der Regel nur an der unteren Partie verändert, von der Knielinie bis zu der in Schritt 2 eingezeichneten Markierung der Saumweite (siehe S. 57, **Bild 11**). Auch diese Linie muss gleichmäßig und ohne Knicke verlaufen (**Bild 20**, grüne Linie).

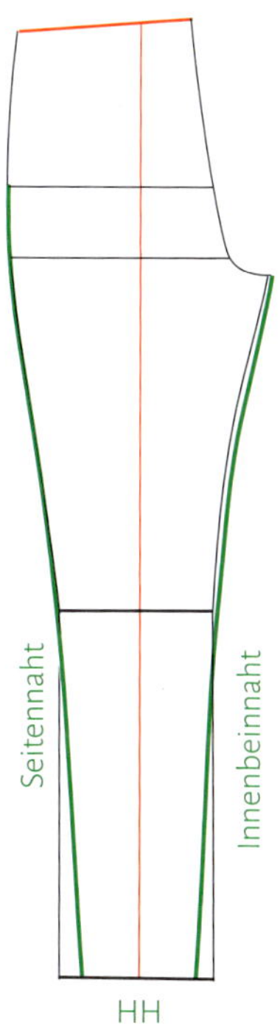

Bild 20

Die Seitennaht der Hose erfordert größere Aufmerksamkeit (**Bild 20**). Die Seitennähte von Vorder- und Hinterhose müssen sich insgesamt harmonisch der Körperform anpassen und dürfen durch das Ausstellen der oberen Vorderhosenpartie nicht ihre Ausgewogenheit verlieren.
Die Übereinstimmung der beiden Seitennähte kann auf zwei Arten erreicht werden. Dazu entweder die Seitennaht der Vorderhose abpausen und von der Hüftlinie bis zur Markierung der Saumweite spiegelverkehrt auf die Hinterhose übertragen. Sie können die hintere Seitennaht jedoch auch einfach von der Hüftlinie bis zur Markierung der Saumweite aufzeichnen und den senkrechten Fall, falls nötig, bei der Anprobe korrigieren.

Tipp

Das Angleichen der senkrechten Linien der Hose und das Anpassen an die Körperform werden ausführlich in Teresa Gilewska, *Schnittkonstruktion in der Mode – Maßschnitte* (Stiebner Verlag) behandelt.

6. Seitennahttasche

Die Tasche in der Seitennaht ist eine Innentasche, d. h., der Taschenbeutel befindet sich unter dem Oberstoff der Hose. Die Tasche besteht aus zwei Teilen: dem oberen und dem unteren Taschenteil. Für die Konstruktion der Elemente solcher Nahttaschen gibt es keine festen Regeln oder Angaben. Die Tasche in der Seitennaht soll jedoch bequem sein, ganz gleich an welchem Hosenmodell. Daher müssen die Form des Taschenbeutels und die Größe des Tascheneingriffs vor allem an die Größe der Hand angepasst werden, aber auch zum Stil der Hose (z. B. weit oder eng) passen.

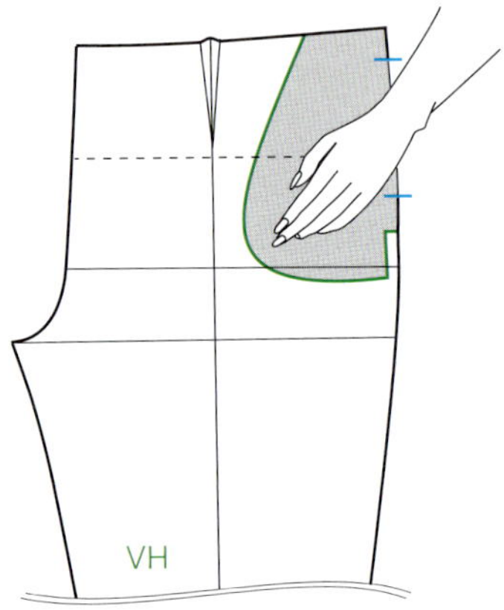

Bild 21

Der Tascheneingriff befindet sich an der Seite zwischen den Kanten der Nahtzugaben der Verbindungsnaht von Vorder- und Hinterhose. Er reicht von der Taille bis zu der Höhe, die der Handbreite entspricht. In der Regel liegt die durchschnittliche Breite der Tascheneingriffe an Damenoberbekleidung bei 12 bis 15 cm (**Bild 21**).

7. Konstruktion des Taschenbeutels

Zunächst muss die Breite des Tascheneingriffs bestimmt werden. Dazu an der Seitennaht ab der Taille 2 cm abtragen und markieren. Dieses Maß kann je nach verwendeter Stoffqualität (dünn oder dick) und je nach Größe des Eingriffs variieren. Es wird jedoch unbedingt benötigt, damit der Tascheneingriff in Höhe der oberen Hüftlinie platziert werden kann (siehe S. 17, **Bild 11**) und damit die vielen Nahtzugaben in diesem Bereich (Bund, Seitennähte, Tascheneingriff) nicht auftragen.

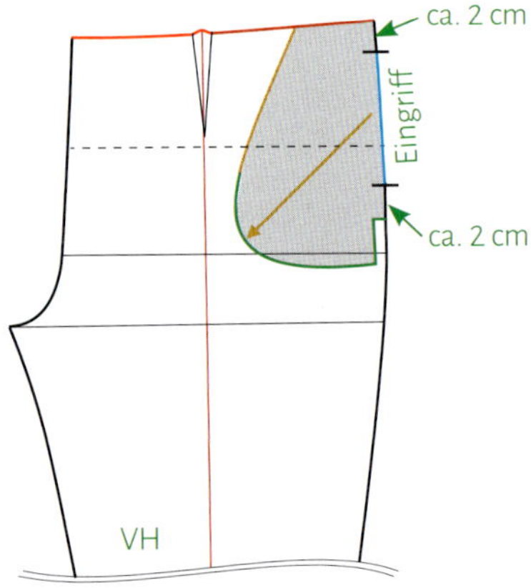

Bild 22

Die Breite des Tascheneingriffs ab der im vorigen Schritt angebrachten Markierung auf der Seitennaht einzeichnen (**Bild 22**, in Blau).
Eine weitere Markierung auf der Seitennaht 2 cm unterhalb des Tascheneingriffs anbringen. Von dort eine kurze waagrechte Linie von 1 bis höchstens 2 cm ziehen (**Bild 22**, in Grün).
Dieser Abstand ist nötig, damit der Rand des Taschenbeutels nicht in der Verbindungsnaht von Vorder- und Hinterhose mitgefasst wird. Die Seitennaht könnte sich sonst bei gefüllter Tasche leicht verformen.
Die Tiefe des Taschenbeutels (**Bild 22**, brauner Pfeil) wird in der Regel durch die Art des Kleidungsstücks bestimmt (Hose, Jacke, Mantel etc.). Für dieses Modell einer Hose mit Kellerfalten liegt sie bei 15 bis 20 cm.
Die Form des Taschenbeutels wird leicht abgerundet gezeichnet – dies erleichtert das Zusammennähen und die Anfertigung sauberer Kantenabschlüsse, sorgt jedoch auch für mehr Komfort bei der Handhabung der Tasche (**Bild 22**, in Grün).
Die obere Linie der Tasche (**Bild 22**, in Braun) als leicht abgeschrägte Gerade zeichnen. So kann sich der Stoff etwas dehnen, und die Tasche kann bequem benutzt werden, ohne sich zu verziehen. Dies ist besonders bei Hosentaschen wichtig.

8. Futter des Taschenbodens

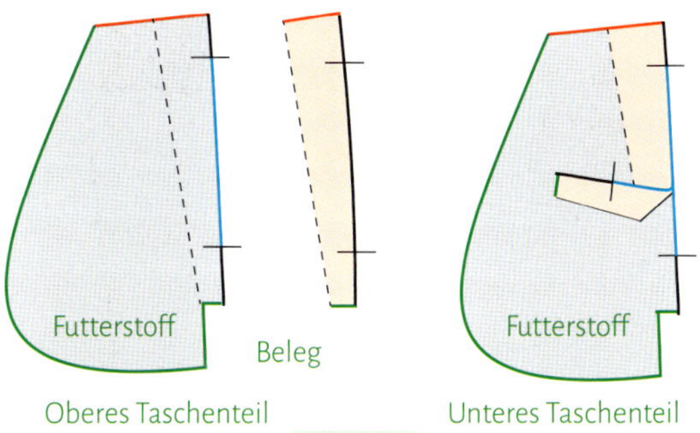

Bild 23

Der Taschenbeutel wird in der Regel aus dünnem Stoff (Futterstoff) zugeschnitten, damit er nicht aufträgt und die Benutzung bequemer ist. Die Form des Taschenbeutels wird mit Pauspapier, Kohlepapier oder einem Kopierrädchen abgepaust (**Bild 23**).

Damit der Futterstoff nicht zu sehen ist, muss am unteren Taschenbeutel ein Beleg angebracht werden. Dieser wird aus dem Oberstoff der Hose zugeschnitten und ist in der Regel 3 bis 4 cm breit (**Bild 23**, in Gelb).

Ansonsten ist die Form des oberen und unteren Taschenteils identisch: Aus dem Futterstoff wird also 4x dieselbe Form zugeschnitten. Der Beleg wird 2x aus dem verwendeten Oberstoff zugeschnitten.

Tipp

Ausführliche Informationen zur Anfertigung verschiedener Taschen finden Sie in Teresa Gilewska, *Schnittkonstruktion in der Mode, Zusammennähen und letzter Schliff* (Stiebner Verlag).

MODELL 3

Angestrebte Kompetenzen

Anfertigung einer langen einfachen Falte oder Kellerfalte. Konstruktion einer Hose mit hoher Taille ohne Verwendung des Oberteilschnitts.

Beschreibung des Modells

Dies ist ein elegantes Hosenmodell, das sich für festliche Anlässe eignet. Oben ist es ganz schmal und figurnah geschnitten, am Bein hingegen weit. Am schönsten ist diese Hose aus einem fließenden Stoff wie Crêpe.
Der Schnitt eignet sich für molligere Figurtypen mit kurzen Beinen, da er die Silhouette deutlich streckt und die Proportionen des Körpers ausgewogener wirken lässt.
Die gewählte Art der Falten spielt bei dieser Hose – wie auch an anderen vergleichbaren Modellen – eine entscheidende Rolle für den optischen Eindruck. Die Kellerfalten wirken sehr edel und verleihen Struktur, während durch breite, nach außen gelegte einfache Falten üppigere Oberschenkel perfekt kaschiert werden.
Der Verschluss – ein Reißverschluss oder eine Knopfleiste – wird in der Regel an der vorderen Mitte angebracht. Am hier gezeigten Modell sind verschiedene Verschlusspositionen möglich: Man kann z. B. einen beidseitig geknöpften vorderen Latz konstruieren (Matrosenhose), einen unsichtbaren Reißverschluss an der hinteren Mitte oder an der Seite anbringen oder aber einen Verschluss in der Einschnittlinie der Vorderhose integrieren. Die Auswahl wird durch die Stoffqualität, die Länge der Hose und den persönlichen Geschmack bestimmt.

Tipp

Die Anfertigung von Verschlüssen wird in Teresa Gilewska, *Schnittkonstruktion in der Mode, Zusammennähen und letzter Schliff* (Stiebner Verlag) detailliert erläutert.

Technische Zeichnung

Vor Beginn der Schnittkonstruktion müssen einige für die Schnittzeichnung benötigte Maße ermittelt werden. Zuerst wird die Faltentiefe bestimmt (siehe S. 57, **Bild 16**). Um diese zu berechnen, muss man die gewünschte Saumweite berücksichtigen, die bei der Abwandlung festgelegt wird.

Ebenfalls im Voraus zu bestimmen sind die Höhe der Hose oberhalb der Taillenlinie und der Körperumfang an dieser Stelle (**Bild 24**).

Dazu in der gewünschten Höhe ein Maßband waagrecht um den Körper legen und das Maß ablesen (siehe S. 21, **Bild 17**).

An diesem Modell wird die obere Hosenpartie nicht durch Träger gehalten. Daher ist die Höhe von der verwendeten Stoffqualität abhängig. Bei einem festen Stoff mit gutem Stand kann die Höhe bis unter die Brust reichen. Ist der Stoff hingegen dünn, schwer oder fließend, würde eine so hohe obere Partie selbst mit einer Verstärkung nicht an ihrem Platz bleiben, sondern verrutschen oder umklappen. In diesem Fall muss eine angemessene niedrigere Höhe gewählt werden.

Bild 24

Auf der technischen Zeichnung der Hose (**Bild 25**) muss auch die Verriegelung der Naht markiert werden, mit der die Faltentiefen befestigt werden. Dies ist ein wichtiges Element, da es entscheidend für den optischen Gesamteindruck ist. Im Allgemeinen ist die beste Position für die Verriegelung der Faltennähte die Höhe der oberen Hüftlinie (siehe S. 17, **Bild 11**), da auf diese Weise ausgewogene Proportionen entstehen. Die Höhe der Nahtverriegelung, also die Stelle, ab der die Falten aufspringen, kann jedoch auch nach anderen Kriterien bestimmt werden, z. B. nach dem jeweiligen Figurtyp oder persönlichen Präferenzen.

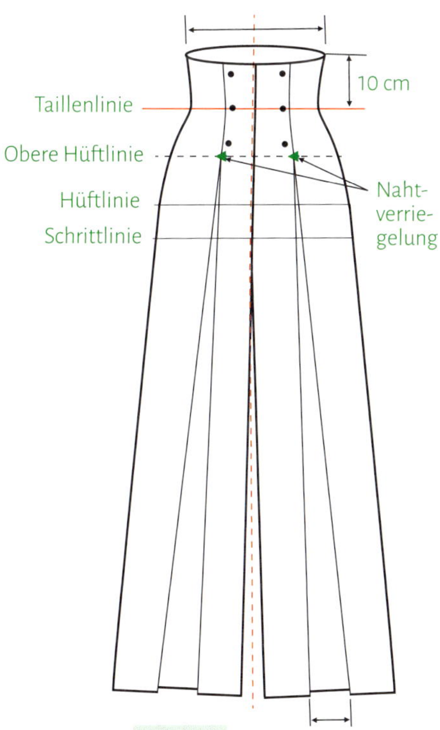

Bild 25

Tipp

Umfassende Informationen darüber, welche Stoffe und Modelle für unterschiedliche Figurtypen besonders vorteilhaft sind, finden Sie in Teresa Gilewska, *Kleidungskonzepte für jede Figur* (Stiebner Verlag).

1. Abänderung des Grundschnitts

Entweder nach Standardmaßen oder nach individuellen Maßen den Grundschnitt zeichnen (siehe S. 29–40) und die nötigen Korrekturen und Weitenzugaben vornehmen (siehe S. 41, **Bild 18**).

Die Schnittabwandlung muss mit der Änderung der Saumweite beginnen. Dabei muss der in diesem Maß enthaltene Falteninhalt berücksichtigt werden. Auch die Form der Hinterhose muss nun bestimmt werden: mit oder ohne Falte (**Bild 26**). Von dieser Entscheidung hängt das weitere Vorgehen ab.

Bild 26

Die senkrechte Seitenlinie der Hose wird durch die Verbindungsnaht gekennzeichnet. Diese Linie fällt nur dann korrekt, wenn die Proportionen zwischen Vorder- und Hinterhose ausgewogen sind. Bei einem Ungleichgewicht der Proportionen verzieht sich die Seitenlinie nach hinten oder nach vorne.

Die Abänderung der Saumweite variiert also je nach Modell (mit oder ohne rückwärtige Falten).

Hose mit rückwärtigen Falten

Werden an der Hinterhose Falten angebracht, wird die Saumweite von Vorder- und Hinterhose auf identische Weise abgewandelt (**Bild 27**).

Dafür zunächst den neuen Saumumfang der Hose bestimmen, unter Berücksichtigung des darin enthaltenen Falteninhalts.

Das Maß des Falteninhalts vom Gesamtumfang des Saumes abziehen. Das neue Maß der Saumweite ab der Linie des Hosenbruchs einzeichnen. Dabei wird an Vorder- und Hinterhose separat vorgegangen, wie auf S. 38 **Bild 14** beschrieben.

Beispiel: Bei einem Saumumfang von 70 cm und einem Falteninhalt von 18 cm ergibt dies: 34 cm an der Vorderhose und 36 cm an der Hinterhose.

Vorderhose: 34 - 18 = 16 ÷ 2 = 8. Beidseits des Vorderhosenbruchs 8 cm abtragen und auf der Saumlinie markieren.

An der Hinterhose ebenso vorgehen: 36 - 18 = 18 ÷ 2 = 9

Beidseits des Hinterhosenbruchs 9 cm abtragen und auf der Saumlinie markieren.

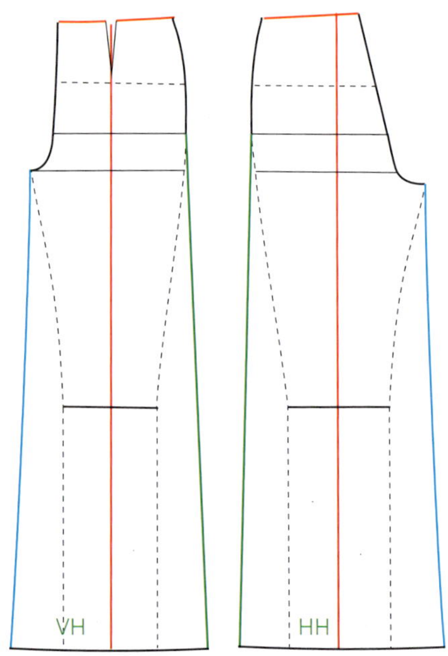

Bild 27

Berechnen Sie die Saumweite wie im beschriebenen Beispiel, jedoch mit Ihren eigenen Maßen.
Für die neue Seitennaht und Innenbeinnaht die Markierungen auf der Saumlinie durch gerade Linien mit der Hüftlinie (**Bild 27**, in Grün) und der Schrittspitze (**Bild 27**, in Blau) verbinden.
Für bessere Lesbarkeit des Schnittmusters die Linien der Saumweite des Grundschnitts ausradieren (**Bild 27**, schwarz gestrichelte Linien).

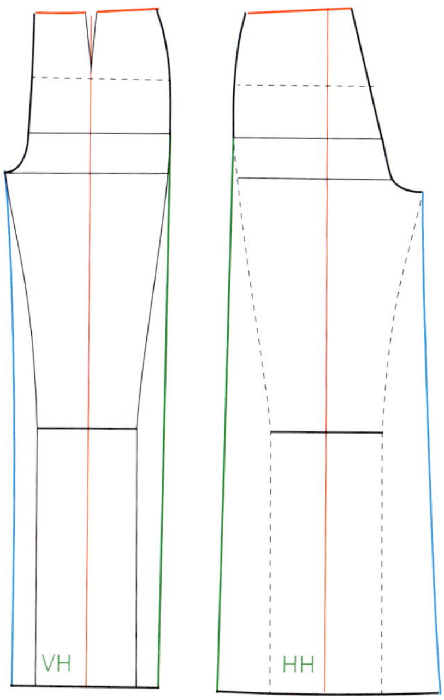

Bild 28

Hose ohne rückwärtige Falten

Soll das Modell keine Falten an der Hinterhose erhalten, unterscheidet sich die Abänderung der Saumweite von Vorder- und Hinterhose (**Bild 28**).
Beispiel: Bei einer Saumweite (Gesamtumfang) von 70 cm und einem Falteninhalt von 18 cm an der Vorderhose erhält man: 34 cm an der Vorderhose und 36 cm an der Hinterhose. An der Hinterhose muss nun der Falteninhalt hinzugefügt werden, also: 36 + 18 = 54 ÷ 2 = 27. Beidseits des Hinterhosenbruchs 27 cm abtragen und auf der Saumlinie markieren. Am Vorderteil hingegen muss der Falteninhalt abgezogen werden, da dieses Maß zu einem späteren Zeitpunkt der Konstruktion hinzugefügt wird: 34 – 18 = 16 ÷ 2 = 8. Beidseits des Vorderhosenbruchs 8 cm abtragen und auf der Saumlinie markieren.
Berechnen Sie die Saumweite wie in diesem Beispiel, jedoch mit Ihren eigenen Maßen.
Für die neue Seitennaht und die Innenbeinnaht die Markierungen auf der Saumlinie durch gerade Linien mit der Hüftlinie (**Bild 28**, in Grün) und der Schrittspitze (**Bild 28**, in Blau) verbinden.
Für bessere Lesbarkeit des Schnittmusters die Linien der Saumweite des Grundschnitts ausradieren (**Bild 28**, schwarz gestrichelte Linien).

2. Konstruktion der oberen Partie

In der Regel wird diese Partie mithilfe des zuvor angefertigten Oberteil-Grundschnitts konstruiert (siehe **Modell 10**, S. 108, und **Modell 11**, S. 113). Beträgt die Taillenerhöhung jedoch nicht mehr als 10 cm ab der Taillenlinie, kann die Konstruktion der Partie auf der Basis des Hosenschnitts erfolgen.
Zuerst muss der hintere Taillenabnäher angebracht werden (siehe S. 39, **Bild 15**). Dieser wird benötigt, um die obere Hosenpartie an die Körperform anzupassen.

Nun die Schnittteile von Vorder- und Hinterhose so nebeneinanderlegen, dass die waagrechten Linien (Schrittlinie, Hüftlinie und obere Hüftlinie) genau auf einer Höhe sind (**Bild 29**).

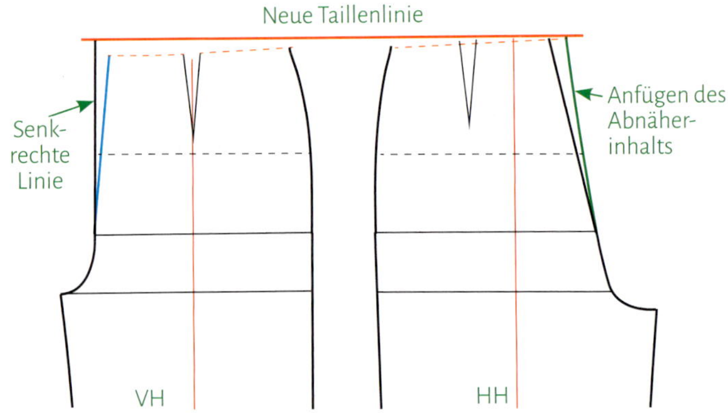

Bild 29

Die Taillenlinie der Hose besteht aus vier Partien. Die Form jeder dieser Partien richtet sich nach dem Abnäherinhalt und der Körperform (**Bild 29**, rot gestrichelte Linie). Im Falle einer Erhöhung der Taille oberhalb der Taillenlinie muss die neue Taillenlinie jedoch waagrecht gezeichnet werden, und zwar in Höhe des höchsten Punktes der Konstruktion. Anderenfalls würde die Sitzhöhe (Leibhöhe) verringert, was Einschränkungen der Bewegungsfreiheit und eine kneifende Schrittnaht zur Folge haben könnte.
Ab der hinteren Mitte (**Bild 29**, Ende der grünen Linie) eine waagrechte Linie ziehen (**Bild 29**, rote Linie). Dies ist die Position der neuen Taillenlinie.
Ab dem Ende der neuen Taillenlinie die Mitte der Hose bis zur Hüftlinie neu zeichnen (**Bild 29**, schwarze Linie). Der auf dem Grundschnitt konstruierte Abnäher von 1 cm wird für diese Hose mit erhöhter Taille nicht benötigt.

3. Höhe der Hose

Ab der neuen Taillenlinie die gewünschte Höhe abtragen und eine Parallele zur Taillenlinie einzeichnen (**Bild 30**, in Schwarz). Die ideale Höhe liegt bei etwa 10 cm oberhalb der Taillenlinie.

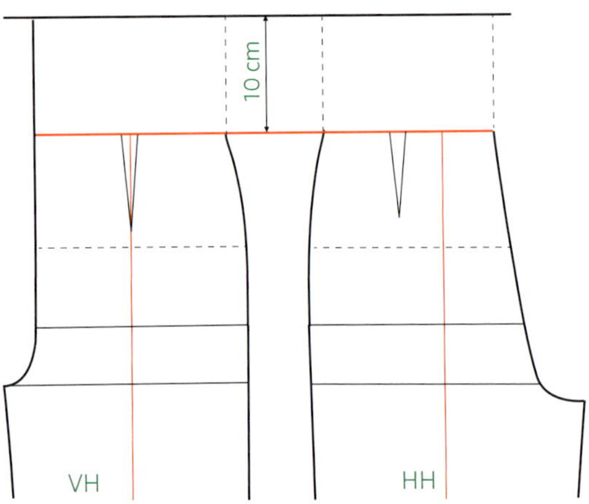

Bild 30

Dieses Maß von 10 cm ab der Taillenlinie eignet sich im Prinzip für alle Figurtypen. Wird es reduziert, besteht die Gefahr, dass die Hose sich der Körperform nicht gut anpasst.
Wird es hingegen vergrößert, muss die oberhalb der Taillenlinie hinzugefügte Partie sehr gut verstärkt werden (z. B. durch Einlagenstoff oder Bügelvlies), damit sie sich nicht nach unten faltet.
Die oberen äußeren Punkte der Schnittteile von Vorder- und Hinterhose durch senkrechte Linien mit der Linie der Hosenoberkante verbinden (**Bild 30**, schwarz gestrichelte Linien).

4. Taillenabnäher

An dem Hosenmodell mit erhöhter Taille sind die Abnäher von entscheidender Bedeutung: Sie halten die Hose an ihrem Platz und verhindern, dass sie rutscht. Sowohl der Abnäherinhalt als auch die Position der Abnäher sind sehr wichtig.

Ab den Enden der senkrechten Linien (**Bild 31**, schwarz gestrichelte Linien) an Vorder- und Hinterhose die waagrechte Linie der Hosenoberkante um 1 cm verlängern. Diese neuen Punkte durch gerade Linien mit der Taillenlinie verbinden (**Bild 31**, grüne Linien).

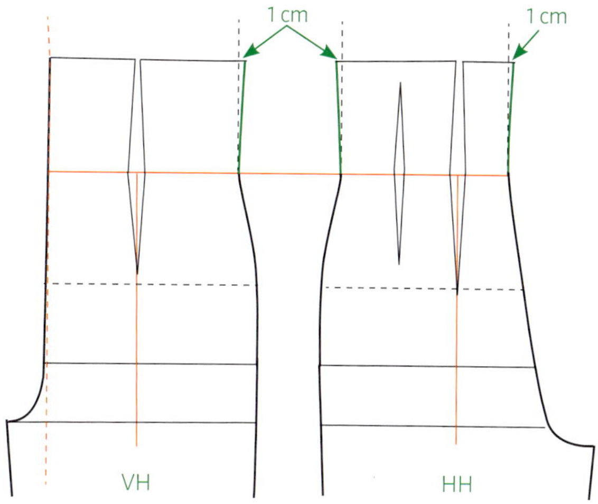

Bild 31

Vorderer Abnäher: Dieser Abnäher wird auf der Achse des Hosenbruchs konstruiert. Seine Länge beträgt etwa 9 cm ab der Taillenlinie (siehe S. 32, **Bild 5**). Er wird zunächst bis zur Linie der Hosenoberkante verlängert. Seine Form hängt von dem in der gewünschten Hosenhöhe gemessenen Körperumfang ab (siehe S. 63, **Bild 14**).

Hinterer Abnäher: Wie der vordere Abnäher wird auch der hintere Hauptabnäher auf der Achse des Hosenbruchs konstruiert. Die Schwierigkeit besteht in der korrekten Platzierung der Hosenbruchlinie (siehe S. 14, **Bild 6**).

In der Regel wird der Hosenbruch in der Nähe der hinteren Mitte platziert, doch ein Abnäher an dieser Stelle ist unschön und ermöglicht keine harmonischen Proportionen. An manchen Schnittmustern ist es gar nicht möglich, ihn zu zeichnen.

Um ein gewisses Gleichgewicht der Konstruktion zu wahren, müssen zwei Abnäher anstelle von nur einem konstruiert werden. Dazu den Inhalt des an der hinteren Mitte angefügten Abnähers durch 2 teilen. Den Hauptabnäher auf der Linie des Hosenbruchs anbringen, den zweiten Abnäher genau in der Mitte zwischen dem seitlichen Abnäher und dem Schenkel des Hauptabnähers (**Bild 32**).

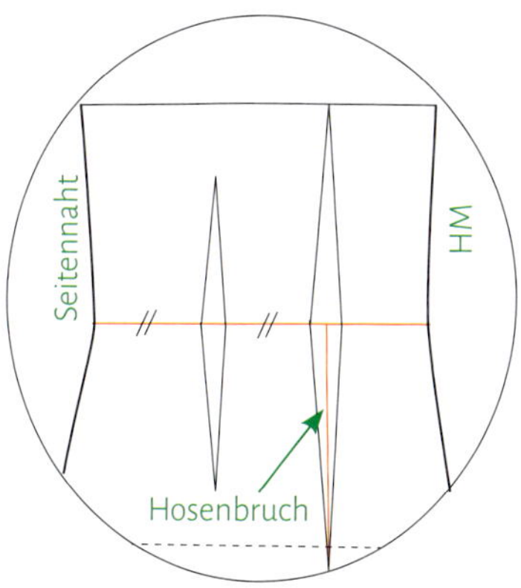

Bild 32

5. Korrektur der Maße

Die Weite der erhöhten Hosenpartie muss je nach dem am Körper gemessenen Umfang (S. 63, **Bild 24**) korrigiert werden. Dazu dieses Körpermaß durch 4 teilen (um das Maß für je 2 halbe Vorderhosen- und Hinterhosenteile zu erhalten).

Den berechneten Wert auf der Linie der Hosenoberkante abtragen. Wenn eine Korrektur nötig ist, den Abstand zwischen den Schenkeln des vorderen und hinteren Hauptabnähers vergrößern (**Bild 33**, grüne Pfeile).

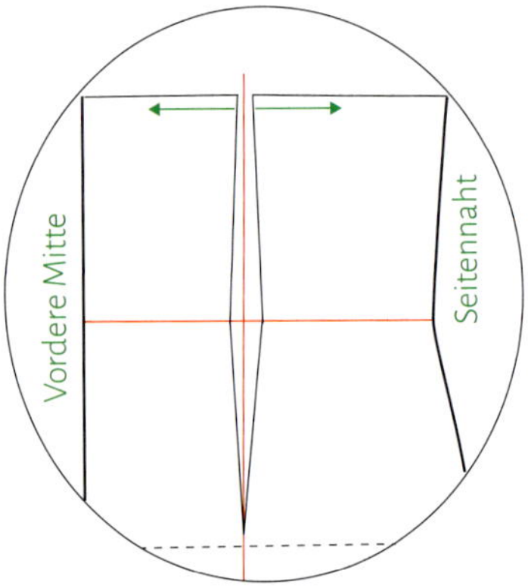

Bild 33

6. Einschnittlinie

Die Linie des Hosenbruchs eignet sich am besten für die Platzierung der Falte.

Die Schnittteile von Vorder- und Hinterhose entlang des gesamten Hosenbruchs in zwei Teile schneiden (**Bild 34**, rote Linien an Vorder- und Hinterhose). Beim Einschneiden darauf achten, den Abnäherinhalt der Hauptabnäher an der Taille abzuschneiden.

Wenn sich am Schnittteil der Hinterhose zwei Abnäher befinden, wird der Hauptabnäher beim Einschneiden entlang des Hosenbruchs entfernt, doch der zweite Abnäher bleibt erhalten und wird wie gewöhnlich genäht.

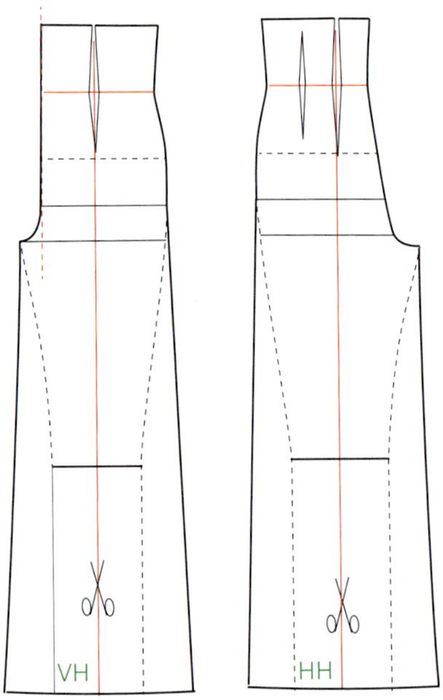

Bild 34

7. Korrektur der oberen Linie

Durch das Anbringen der Hauptabnäher an der Taille verformt sich die obere Linie der Hose (**Bild 35**, roter Kreis). Diese Verformung kann mehr oder weniger ausgeprägt sein, je nach den Abnäherinhalten.

Damit sich nach Schließen der Verbindungsnaht an den zusammengelegten Abnäherschenkeln keine Spitze bildet, muss die obere Linie neu gezeichnet, d. h., die Ecken müssen begradigt werden.

Dazu den Abnäher zulegen: Die beiden Vorderhosenteile und die beiden Hinterhosenteile so aufeinander liegen, dass die Taillenlinien aneinanderstoßen (**Bild 35**). Nun die obere Linie der Hose neu zeichnen. Sie muss durchgehend und glatt sein, ohne Spitzen oder Ecken. An den Übergängen der Seitenlinien ebenso vorgehen.

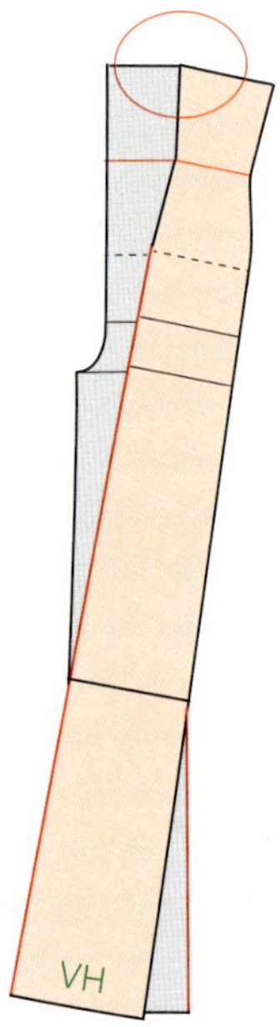

Bild 35

8. Konstruktion der Falte

Im letzten Schritt dieser komplexen Schnittabwandlung wird zwischen den beiden in Schritt 5 (**Bild 33**) konstruierten Segmenten des Schnittes die Falte angebracht.

Dazu ein separates Stück Papier nehmen, das die Länge der Hose und die Breite des gewünschten Falteninhalts (S. 57) sowie ringsum einen ca. 10 cm breiten Rand hat (**Bild 36**, in Braun).

Eines der Segmente des Vorderhosenschnitts mit Klebeband, Klebstoff oder Stecknadeln auf einer Seite des Papiers befestigen (**Bild 36**, in Grau). Das zweite Segment des Vorderhosenschnitts (**Bild 36**, in Beige) im für den Falteninhalt gewählten Abstand daneben befestigen, und zwar so, dass die waagrechten Linien beider Segmente auf einer Höhe liegen (**Bild 36**, in Grau und Beige).

Das Gleiche an der Hinterhose wiederholen, falls diese eine Falte enthält.

Der Falteninhalt kann an der gesamten Hosenlänge beibehalten werden. Um zu vermeiden, dass die Falte durch zu dicke Stofflagen aufträgt, kann er an der oberen Hosenpartie jedoch auch abgeschnitten werden.

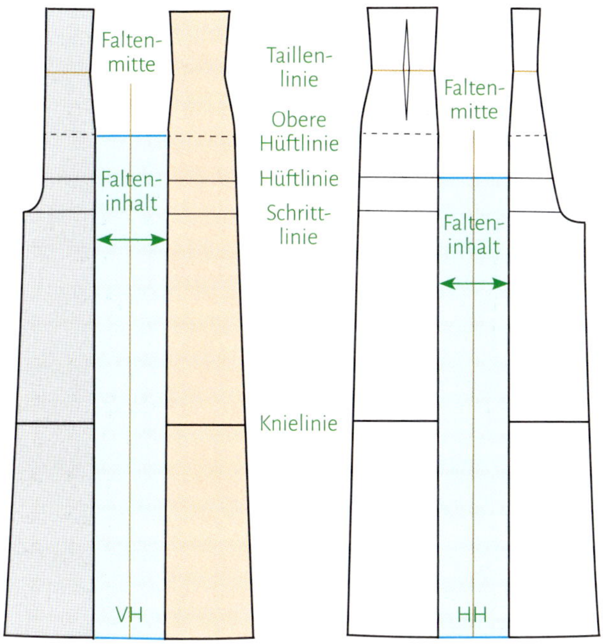

Bild 36

Die Höhe der Verriegelung der Naht, mit der die Falten festgesteppt werden, d. h., die Höhe, ab der die Falten aufspringen, kann je nach der Körperform oder dem persönlichen Geschmack bestimmt werden. Mit die beste Position, bei der die Proportionen des Körpers bewahrt bleiben und ein harmonisches Gesamtbild entsteht, ist an der Vorderhose die Höhe der oberen Hüftlinie (siehe S. 17, **Bild 11**) und an der Hinterhose die Höhe der Hüftlinie (**Bild 36**, blaue Segmente).

MODELL 4

Angestrebte Kompetenzen

Konstruktion einer vertieften Taille und eines Latzes, Anbringen eines Verschlusses in Form einer seitlichen Knopfleiste.

Beschreibung des Modells

Dieses Modell ist eine weit geschnittene Latzhose mit einem vorn angesetzten Latz. Die Hose schließt in Höhe der oberen Hüftlinie mit einem Formbund ab. Anstelle des üblichen Reißverschlusses hat sie eine seitliche Knopfleiste. Aufgesetzte Taschen vervollständigen dieses bequeme und allgemein beliebte Modell.
In der Regel wird es aus Jeansstoff oder einem anderen Webstoff genäht, jedoch selten oder nie aus Jersey oder Stoff mit Elasthan.
Die runden Eingrifftaschen sitzen unterhalb der oberen Hüftlinie, doch aufgrund der Weite der Hose haben sie dennoch einen praktischen Nutzen.

Technische Zeichnung

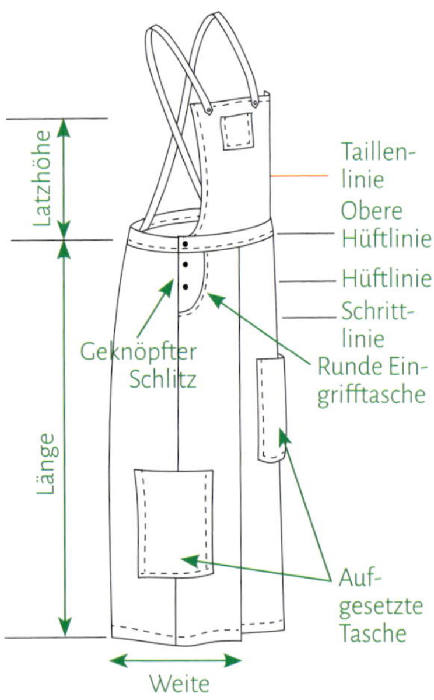

Bild 37

Die Abwandlung des Hosengrundschnitts für dieses Modell ist nicht besonders kompliziert, dennoch müssen dabei einige wesentliche Dinge beachtet werden. Dazu gehören in erster Linie die Entscheidung über die Größe des Latzes und die Länge der Träger. Die für die Konstruktion benötigten Maße werden ab der Taillenlinie gemessen, da die Höhe der oberen Hüftlinie am Körper nicht leicht zu bestimmen ist (siehe S. 17). Die Maße werden in einem späteren Schritt der Abwandlung auf dem Schnitt angepasst.
Die obere Kante des Latzes liegt knapp über der Brustspitze (**Bild 38A**, schwarze Linie). Mit einer niedrigeren Höhe und längeren Trägern wäre der Latz unbequem.
Wäre er hingegen höher, würde er abstehen, da der Stoff mithilfe von Abnähern an das Volumen der Brust angepasst werden müsste.
Die Latzhöhe wird von der Taillenlinie bis 2 oder 3 cm oberhalb des Brustpunkts gemessen, je nach Dicke des gewählten Stoffes. Sie soll jedoch nicht über das Maß der Brustabflachung hinausgehen (**Bild 38A**, schwarzer Pfeil).
Die Breite des Latzes hängt vom Brustpunktabstand ab. Um dieses Maß zu bestimmen, ein Maßband von einem Brustpunkt zum anderen führen (**Bild 38B**, rote Punkte).
Zu diesem Maß 2 bis 3 cm für die Abflachung an der Brust addieren, ebenso wie bei der Latzhöhe.

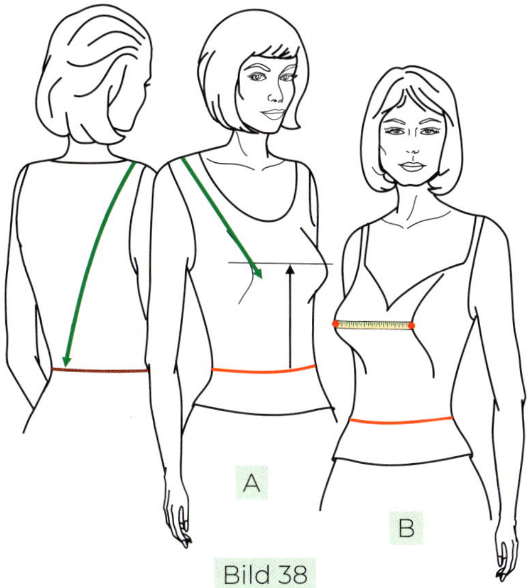

Bild 38

Um die Länge der Träger zu bestimmen, das Ende des Maßbands an den Brustpunkt legen (**Bild 38A**, grüner Pfeil), dann das Maßband über die Schulter und diagonal über den Rücken führen. An der Taillenlinie etwa 10 cm neben der Seitenlinie enden. Die erhaltenen Maße auf der technischen Zeichnung des Modells eintragen (**Bild 37**). Dort auch weitere Angaben festhalten, z. B. Form und Position der aufgesetzten Taschen, Länge der Hose, Breite des Hosenbunds etc.

Tipp

Weitere Details zum Maßnehmen und zur Konstruktion von Maßschnitten finden Sie in Teresa Gilewska, *Schnittkonstruktion in der Mode – Maßschnitte* (Stiebner Verlag).

Die Schritte der Schnittabwandlung

1. Länge und Weite der Hose

Die Länge dieses Hosentyps wird auf etwa 10 cm oberhalb oder unterhalb der Knielinie festgesetzt, jedoch selten genau an der Knielinie, da sonst der rückwärtige Hosensaum durch die Beinbewegungen deformiert würde.

Auf dem Grundschnitt für die gewünschte Länge eine Parallele zur Saumlinie einzeichnen (**Bild 39**).

Die Saumweite hängt von der Stoffqualität, der Hosenlänge und dem persönlichen Geschmack ab.

Auf der zuvor eingezeichneten Linie der Hosenlänge die neue Weite markieren, und zwar zu gleichen Teilen beidseits des Hosenbruchs (siehe S. 57, **Bild 17**).

2. Weitenzugaben

Aufgrund der seitlichen Knopfleiste und der Eingrifftaschen muss die Weite angepasst werden, damit die Hose sich nicht verzieht. Die entsprechende zum Hüftumfang addierte Zugabe kann etwas größer sein als die Standardzugabe (um 1 bis 2 cm größer, also eine Zugabe von 5 bis 6 cm statt 4 cm; siehe S. 40). Diese Abänderung ist möglich, da die Hose von Trägern gehalten wird.

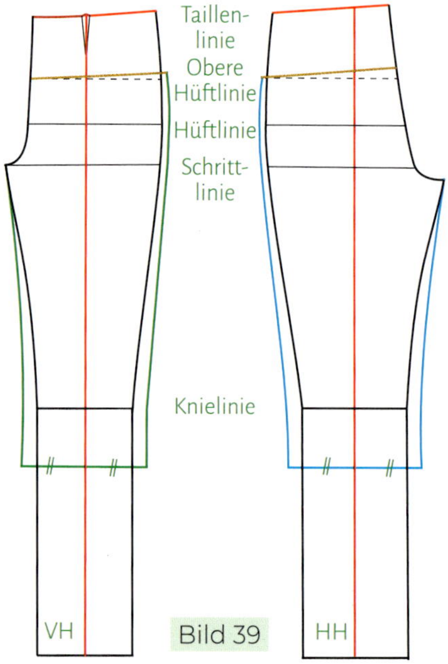

Bild 39

Seitennähte und Innenbeinnähte je nach den festgelegten Weitenzugaben neu zeichnen (**Bild 39**, grüne Linien an der VH, blaue Linien an der HH). In Höhe der oberen Hüftlinie ab den Endpunkten dieser Linien eine Parallele zur Taillenlinie ziehen (**Bild 39**, in Braun). Dies ist die Linie der Taillenvertiefung für die Konstruktion des Latzes.

Ab der Taillenlinie (**Bild 40**, blaue Linie) das Maß der Latzhöhe (siehe S. 71, **Bild 38A**) abtragen. Rechtwinklig dazu die halbe Latzbreite einzeichnen. Ab dem Endpunkt der Latzbreite eine leicht geschwungene Linie (**Bild 40**, grüne Linie) zur vertieften Taillenlinie der Hose (**Bild 40**, braune Linie) ziehen; dabei 2 bis maximal 5 cm neben der Seitennaht enden, damit später die Eingrifftasche angebracht werden kann.

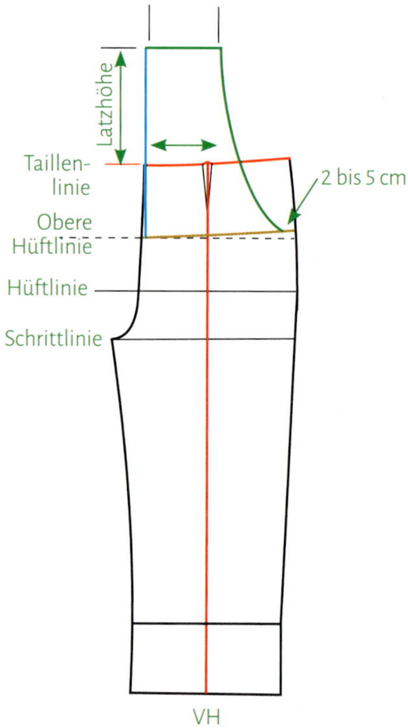

Bild 40

Die Umrisse des Latzes mit Pauspapier, Kohlepapier oder einem Kopierrädchen abpausen, um ein separates Schnittteil des kompletten Latzes zu erhalten (**Bild 41**).
Dies ist notwendig, damit man in einem späteren Schritt die Unterkante des Latzes und die Oberkante der Hose angleichen kann.

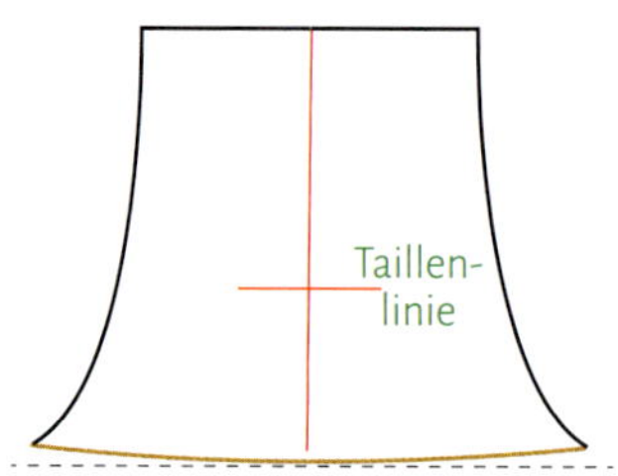

Bild 41

3. Konstruktion des Hosenbunds

Die Schlitzöffnung der Hose sitzt an der Seite. Der Hosenbund muss also in zwei Teilen konstruiert werden: dem rückwärtigen und dem vorderen Bund. Die Schnittabwandlung wird an der halben Vorderhose und der halben Hinterhose durchgeführt, die jeweils eine schräg verlaufende Schrittnaht (Hosenausschnitt) enthalten. Legt man die Schrittnähte aneinander, bilden sie die Linien der hinteren und vorderen Mitte. Am Übergang der schräg verlaufenden Linien muss daher die Oberkante der Hose neu gezeichnet werden; anschließend wird der Bund über die gesamte hintere Breite und die gesamte vordere Breite konstruiert.

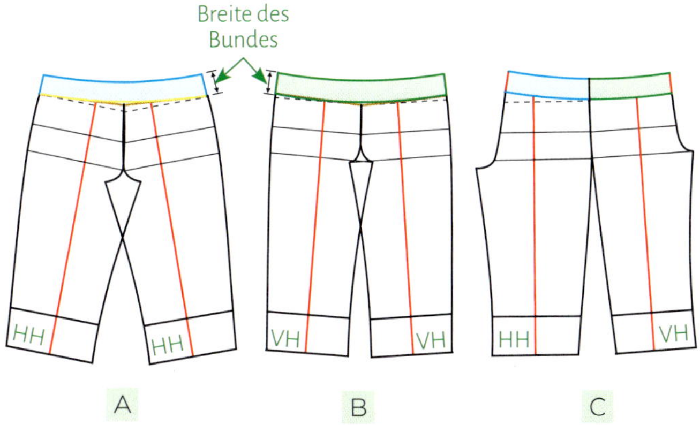

Bild 42

Um den Bund über die gesamte Breite zu konstruieren, werden zunächst die Schnittteile der Vorder- und Hinterhose spiegelbildlich abgepaust.

Die beiden rückwärtigen Schnittteile an der geraden Partie der Schrittnaht so aneinanderlegen, dass die Hüftlinien und Schrittlinien jeweils auf einer Höhe sind (**Bild 42A**). Die Teile mit Klebeband in dieser Position fixieren und die Linie der Hosenoberkante nachzeichnen (**Bild 42**, gelbe Linie). Dabei die Ecke am Übergang der beiden Schnittteile begradigen.

Um den Bund zu konstruieren, über der Oberkante der Hose eine Parallele aufzeichnen. Die Standardbreite eines Bundes beträgt 3 bis 5 cm (**Bild 42A**, in Blau).

Dieselbe Vorgehensweise an den Schnittteilen der Vorderhose wiederholen (**Bild 42B**, in Grün).

Nun die vordere und hintere Seitennaht aneinanderlegen, um die Übergänge zu kontrollieren und eventuelle Ecken zu begradigen (**Bild 42C**).

Nach der Überprüfung aller aneinanderstoßenden Kanten des Hosenschnitts den hinteren Bund (**Bild 42A**, in Blau) und den vorderen Bund (**Bild 42B**, in Grün) auf separatem Papier aufzeichnen.

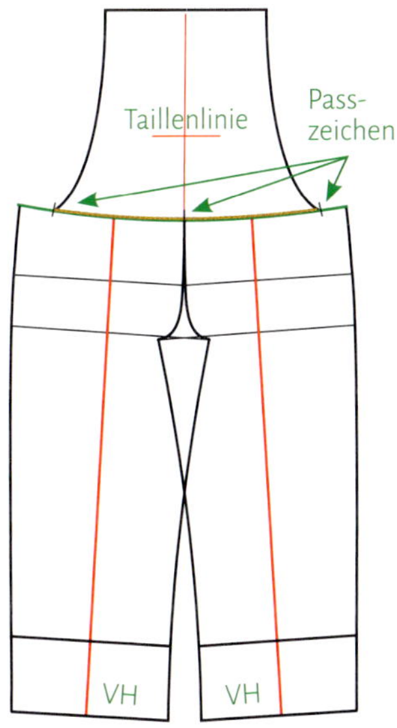

Bild 43

4. Anpassen des Latzes an die Hose

Der Latz wurde vor der Überprüfung und Korrektur der Hosenoberkante konstruiert (S. 72, **Bild 40**). Daher muss nun die Unterkante des Latzes an die Hosenoberkante angepasst werden.

Dazu die Unterkante des Latzes so an die Hosenoberkante legen, dass die senkrechte vordere Mitte auf einer Linie liegt. Die Unterkante des Latzes (**Bild 43**, in Braun) so nachzeichnen, dass sie der Hosenoberkante (**Bild 43**, in Grün) entspricht. Die Position der Passzeichen überprüfen: an der vorderen Mitte und am unteren Ende der Seiten des an der Hosenkante liegenden Latzes.

5. Knopfleiste

Die Knopfleiste ist im Grunde ein verdeckter Schlitz mit an der Seite der Vorder- und Hinterhose angeschnittenen Belegen. Der Knopf wird am an der Hinterhose angeschnittenen Beleg befestigt. In der umgefalzten, also doppelt liegenden Partie an der Vorderhose werden die Knopflöcher angebracht. Diese Partie liegt über dem Beleg der Hinterhose (**Bild 44**).

Die Breite der Belege hängt von der Knopfgröße ab, geht in der Regel aber nicht über 2 oder 3 cm hinaus. Die Länge der Belege muss hingegen – wie bei jedem Schlitz an Rock, Hose oder Kleid – über die Höhe der Hüftlinie hinausgehen, damit das Kleidungsstück sich bequem anziehen lässt. Die Belege in entsprechender Größe an den Seiten von Vorder- und Hinterhose anzeichnen: 2 bis 3 cm breit und in der Länge mindestens 2 cm über die Höhe der Hüftlinie hinausgehend (**Bild 45**).

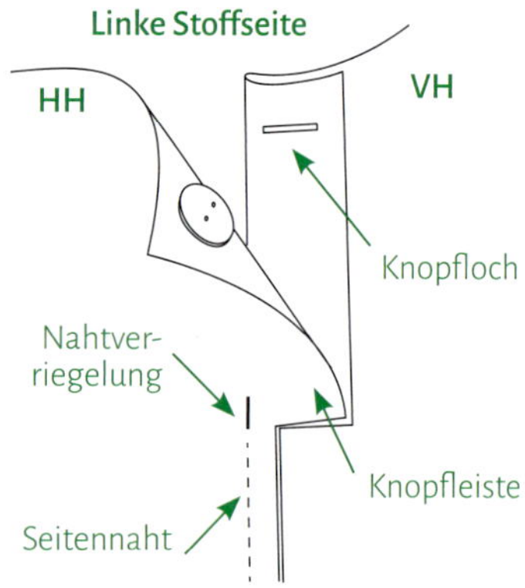

Bild 44

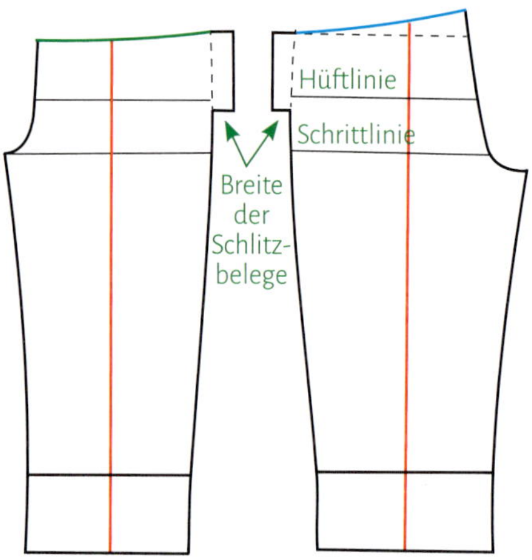

Bild 45

Anpassen des Hosenbunds

Da an der Seitenlinie der Hose die Breite des Belegs angefügt wurde (**Bild 45**), muss dies auch am Schnittteil des rückwärtigen Bundes (siehe **Bild 44**) geschehen.

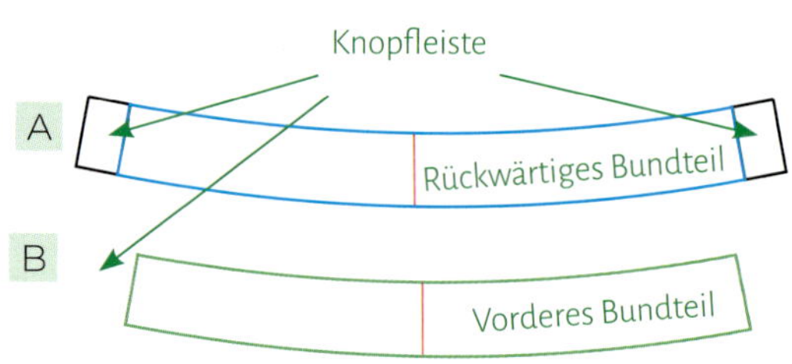

Bild 46

Soll die Hose auf beiden Seiten eine Schlitzöffnung erhalten, muss die Breite der Knopfleiste auf beiden Seiten des rückwärtigen Bundes angefügt werden (**Bild 46A**). Erhält die Hose jedoch nur eine einseitige Knopfleiste, würde der Bund ebenfalls nur an einer Seite verlängert (**Bild 46B**).

Am vorderen Bundteil wird gar keine Verlängerung angefügt, da die entsprechende Partie (= der Beleg) an der Vorderhose nach innen umgeschlagen wird (siehe **Bild 44**). Die Länge des in Schritt 3 (S. 73) konstruierten vorderen Bundteils darf also nicht verändert werden.

6. Konstruktion der Träger

Die Länge der Träger wird vom Brustpunkt bis zur rückwärtigen Taillenlinie gemessen (S. 71, **Bild 38**). Zu diesem Maß muss noch der Abstand zwischen der Taillenlinie und der vertieften Taille der Hose addiert werden (**Bild 47**).

Die Träger werden im Rücken gekreuzt: Um ein exaktes Maß zu erhalten, muss der zusätzliche Abstand bis zur vertieften Taille auf dem Schnittmusster ebenfalls diagonal gemessen werden.

Dazu den Abstand zwischen der hinteren Mitte auf der Taillenlinie bis zur Mitte der vertieften Taille messen (**Bild 47**, grüner Pfeil). Dieses Maß zur am Körper gemessenen Trägerlänge addieren.

Um zu dicke Nahtzugaben zu vermeiden, wird der Träger der Länge nach im Stoffbruch zugeschnitten. Die Breite des Trägers hängt von der Stoffqualität (mehr oder weniger dick) und dem persönlichen Geschmack ab. Im Durchschnitt beträgt sie 4 bis 6 cm. Schmalere Träger könnten unbequem sein. Breitere Träger müssen auf die Breite des Latzes abgestimmt werden, damit die Proportionen ausgewogen sind.

Für die Träger zwei parallele Linien aufzeichnen, deren Abstand der doppelten gewünschten Trägerbreite entspricht (**Bild 48**). Darauf die zuvor (**Bild 47**) ermittelte Länge abtragen.

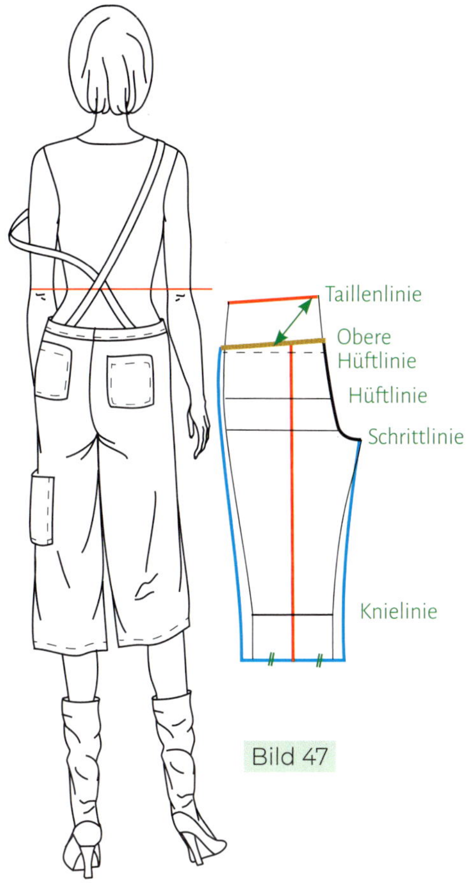

Bild 47

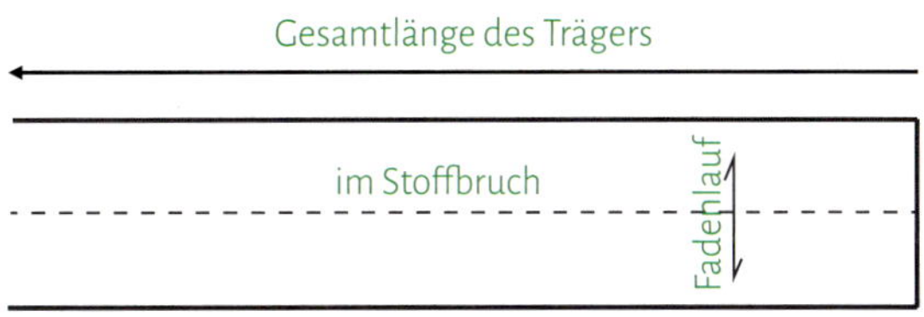

Bild 48

Der Träger muss 2x im angegebenen Fadenlauf zugeschnitten werden.

Am Rücken treffen die Träger in einer bestimmten Schrägstellung auf die Hosenkante (siehe **Bild 47**). Diese Schrägstellung muss am rückwärtigen Ende des mit ausgebügelter Naht angenähten Trägers korrigiert werden (**Bild 49**).

Gut zu wissen

Die Länge der Träger liegt ziemlich konstant bei 65 bis 75 cm. Daher neigen sie dazu, über die Schultern zu rutschen oder sich zu verdrehen. Um dies möglichst zu verhindern, die Verbindungsnaht unbedingt in die Mitte der Trägerbreite legen (auf der Innenseite) und die Nahtzugaben ausbügeln (Abb. 49).

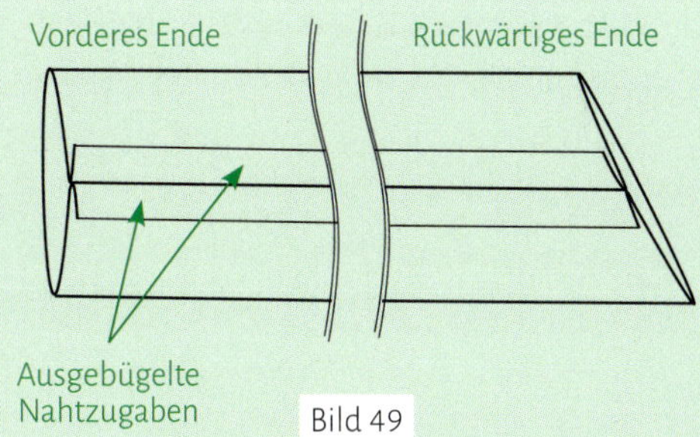

Bild 49

7. Runde Eingrifftasche

Für die Konstruktion dieser Art Innentasche gelten die gleichen Regeln wie für die auf S. 60 gezeigte Nahttasche. Der Unterschied besteht darin, dass die beiden Teile der Tasche (oberes und unteres Taschenteil) hier verschieden gezeichnet werden.

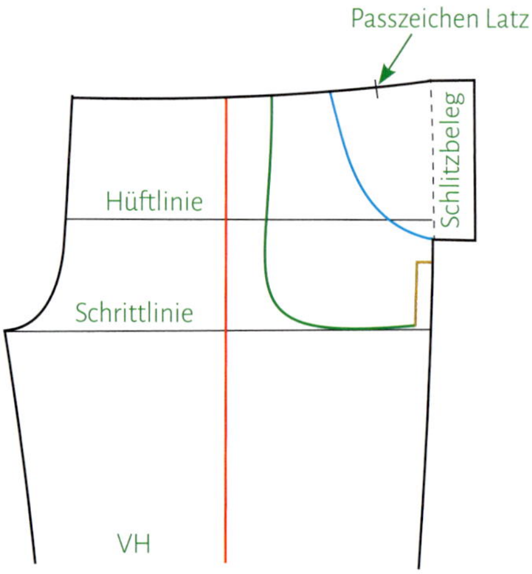

Bild 50

Zunächst muss die Form des Tascheneingriffs festgelegt werden (**Bild 50**, in Blau).

Den Ansatz des Eingriffs mindestens 3 cm neben dem Passzeichen für den Latz platzieren. Von dort eine geschwungene Linie zur Seitennaht zeichnen (**Bild 50**, blaue Linie). Die Breite des Eingriffs muss so bemessen sein, dass die Hand bequem hindurchpasst (siehe S. 60, **Bild 21**).

Im gezeigten Beispiel endet der Eingriff in Höhe der Knopfleiste. Er kann auch weiter unten enden, doch dann wird die Tasche weniger tief. Für einen angenehmen Tragekomfort darf der untere Rand des Taschenbeutels nicht weiter hinunterreichen als bis zur Schrittlinie (**Bild 50**).

Um die Form des Taschenbeutels aufzuzeichnen, zunächst etwa 2 cm unterhalb des Eingriffs ab der Seitennaht eine kurze waagrechte Linie (1-2 cm) ziehen. Dieser Abstand verhindert, dass der Rand des Taschenbeutels später mit in der Seitennaht gefasst wird.

Von dort parallel zur Seitennaht eine Linie bis zur festgelegten Taschentiefe ziehen (**Bild 50**, braune Linie). Dann eine Waagrechte einzeichnen, deren Länge der gewünschten Breite der Tasche entspricht (siehe S. 60, **Bild 21** und **22**).

Das Ende des Taschenbodens leicht abrunden, um das Zusammennähen, Versäubern und den Gebrauch der Tasche zu erleichtern. Das Ende der Rundung durch eine etwas abgeschrägte Gerade mit der Oberkante der Hose verbinden. So wird der Taschenbeutel etwas flexibler und behindert nicht die Bewegung der Beine (**Bild 50**, grüne Linie).

Die Form der Tasche einschließlich der Knopfleiste (Schlitzbeleg) mithilfe von Pauspapier, Kohlepapier oder einem Kopierrädchen abpausen (**Bild 51A**).

Unteres Taschenteil

Der Taschenbeutel wird generell aus dünnem, seidigem Stoff wie Futterstoff zugeschnitten, damit er nicht aufträgt. Bei der runden Eingrifftasche ist jedoch eine Partie des unteren Taschenteils von außen sichtbar und ist quasi Teil des oberen Hosenbeins (**Bild 51A**, beige Partie). Die andere Partie bildet den eigentlichen Taschenbeutel (**Bild 51A**, grüne Partie).

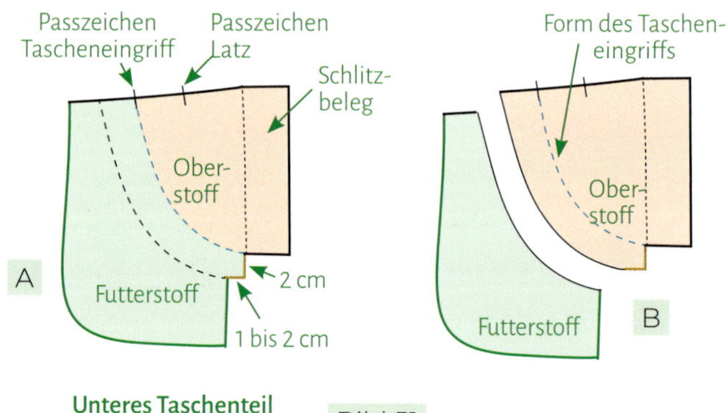

Bild 51

Damit diese aus Futterstoff zugeschnittene Partie unsichtbar bleibt, muss die aus dem Oberstoff zugeschnittene Partie um mindestens 2 cm verbreitert werden (**Bild 51A**, schwarz gestrichelte Linie).
Das Schnittmuster in zwei Segmente teilen: die Partie des unteren Taschenteils, die aus dem Oberstoff zugeschnitten wird (**Bild 51B**, in Beige)und auch die Verbreiterung enthält (**Bild 51B**, zwischen der blauen und der schwarzen gestrichelten Linie) und die aus Futterstoff zugeschnittene Partie des unteren Taschenteils (**Bild 51B**, in Grün).

Oberes Taschenteil

Dieser Teil des Taschenbeutels kann komplett aus Futterstoff konstruiert werden. Um sicherzugehen, dass der Futterstoff unsichtbar ist, aber auch zur Verstärkung des Tascheneingriffs, kann jedoch ein Beleg angebracht werden. Dazu im Abstand von etwa 2 cm eine Parallele zum Tascheneingriff einzeichnen (**Bild 52**, blaue Linie).
Diese Partie mithilfe von Pauspapier, Kohlepapier oder einem Kopierrädchen abpausen. Sie wird aus dem Oberstoff der Hose zugeschnitten und an den übrigen Taschenbeutel aus Futterstoff angenäht.
Nun ist noch das Schnittteil der Vorderhose abzuwandeln: Die Partie der Tasche muss entlang der Linie des Eingriffs entfernt werden (**Bild 53**, blaue Linie). Diese Partie ist ja im unteren Taschenbeutel enthalten (**Bild 51**, in Beige).

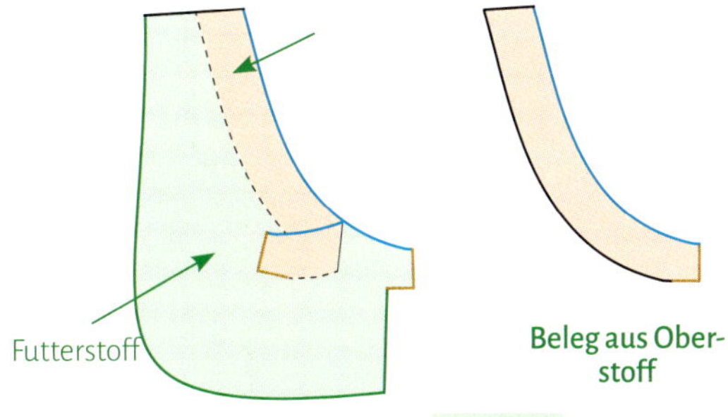

Bild 52

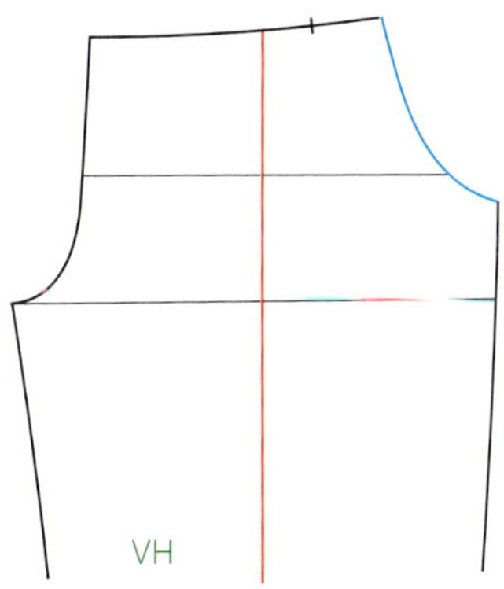

Bild 53

Tipp

Weitere Details zu Taschen finden sie in Teresa Gilewska, *Schnittkonstruktion in der Mode: Zusammennähen und letzter Schliff* (Stiebner Verlag).

8. Tipps zum Zusammennähen

Die Abwandlung des Hosengrundschnitts für dieses Modell ist nicht besonders kompliziert, doch beim Zusammennähen gilt es einige Dinge zu beachten. Damit Sie das Modell besser verstehen, verlassen wir daher ausnahmsweise den Bereich der Schnittkonstruktion und befassen uns im Folgenden mit dem konkreten Zusammennähen der Teile.

Zuerst wird die Eingrifftasche an der Vorderhose genäht. Genaueres dazu finden Sie im Buch *Schnittkonstruktion in der Mode, Zusammennähen und letzter Schliff* von Teresa Gilewska (Stiebner Verlag).

Die beiden Vorderhosenteile an der Schrittnaht zusammennähen (**Bild 54A**). Die beiden vorderen Bundteile zusammennähen (**Bild 54B**) und die Kanten des Latzes doppelt nach innen einschlagen (**Bild 54C**).

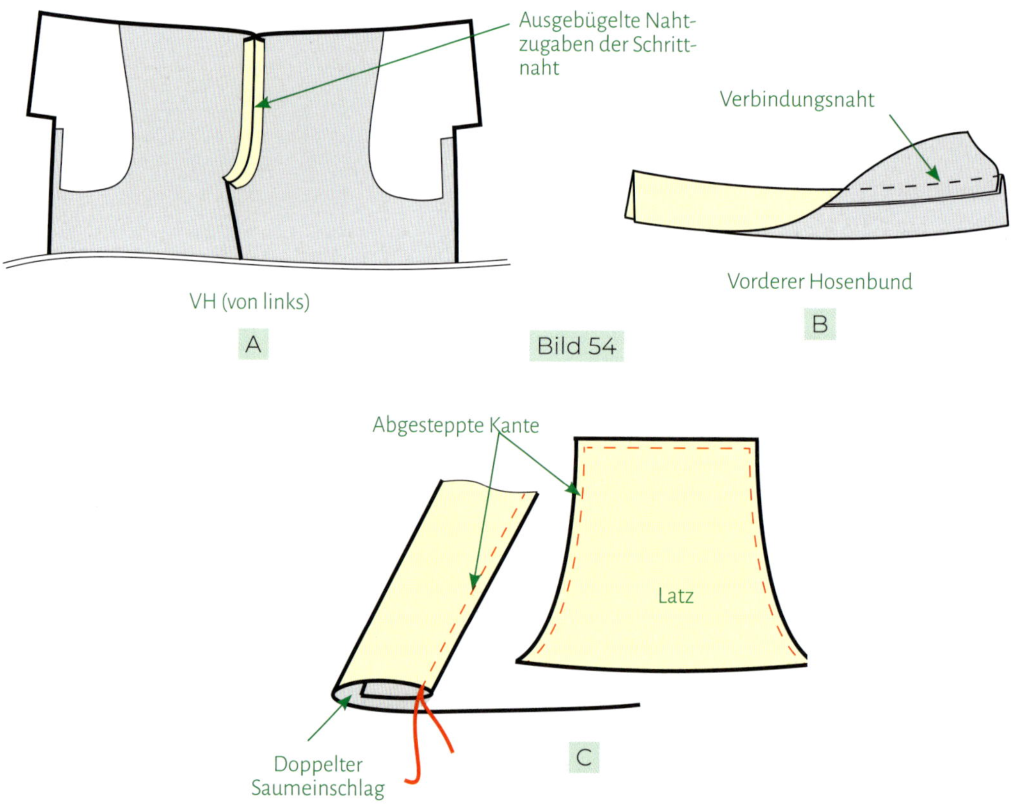

Bild 54

Diese beiden Elemente der Vorderhose – Latz und Hosenbund – werden auf ein und derselben Naht, an die Hose genäht. Mit dieser Technik wird verhindert, dass sich die schräg zugeschnittenen Kanten ausdehnen und verziehen, und es kann auch auf das Verstärken der Kanten mit Einlagenstoff oder einem im Fadenlauf zugeschnittenen Streifen verzichtet werden, wodurch diese Partie dicker würde.

Die Vorderhose auf links legen und die Schlitzbelege der Knopfleisten beidseits nach innen umschlagen; dabei die Passzeichen beachten (**Bild 55**). Die Belege feststecken oder -heften.

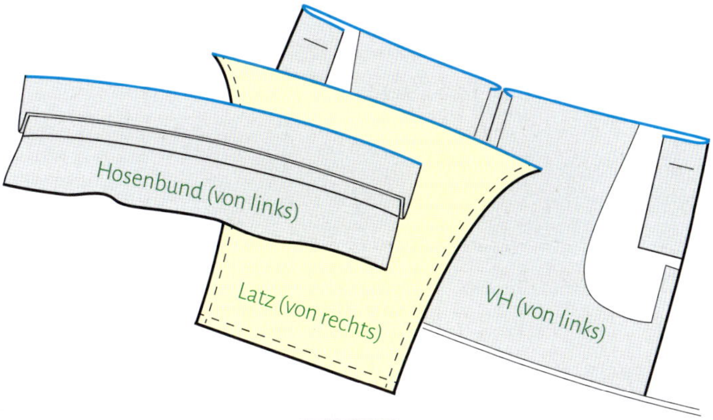

Bild 55

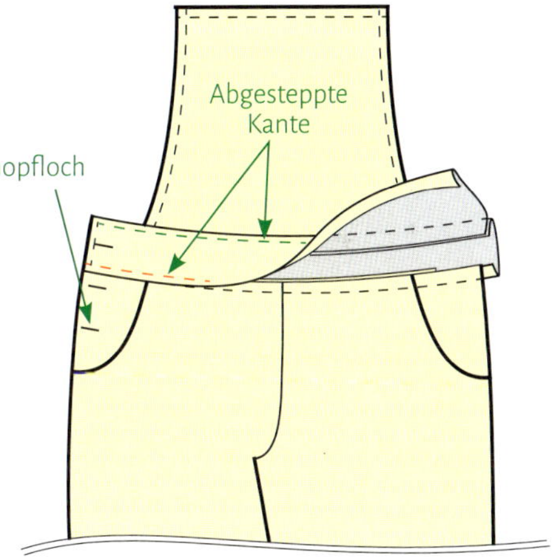

Bild 56

Nun den Latz links auf links auf die Hose legen und mit der Maschine feststeppen.
Dann den Bund rechts auf rechts auf den Latz legen und auf der eben angefertigten Naht feststeppen (**Bild 55**).
Die Arbeit auf rechts wenden (**Bild 56**). Die Unterkante des Hosenbunds absteppen (**Bild 56**, rote Linie).
Auch die Schmalseiten und die Oberkante des Bundes absteppen, um Latz und Hosenbund zu befestigen (**Bild 56**, grün gestrichelte Linie).

Tipp

Weitere Details zum Annähen eines Bundes finden sie in Teresa Gilewska, *Schnittkonstruktion in der Mode: Zusammennähen und letzter Schliff* (Stiebner Verlag).

MODELL 5

Angestrebte Kompetenzen

Konstruktion einer Haremshose mit oder ohne vorherige Anfertigung eines Grundschnitts.

Beschreibung des Modells

Das Besondere an dieser orientalischen Pluderhose, umgangssprachlich Haremshose genannt, ist der bis zur Knielinie oder noch tiefer abgesenkte Schritt. Die sehr große Saumweite der Hose wird am Knöchel von einem mehr oder weniger engen Bund gefasst. Dieser Hosentyp stammt ursprünglich aus Nordafrika und Indien und wurde am Ende der 1960er-Jahre im Westen populär. Im Lauf der Zeit hat die Pluderhose sich oft verändert und der aktuellen Mode angepasst.
Je nach Modell kann die Pluderhose eine hohe oder niedrige Taille, eine enge oder weite Hüftpartie und eine mehr oder weniger große Beinweite etc. besitzen.
Die Konstruktion kann auf der Basis des Hosengrundschnitts erfolgen, doch anhand einiger notwendiger Maße lässt sich das Schnittmuster auch ohne Grundschnitt zeichnen.

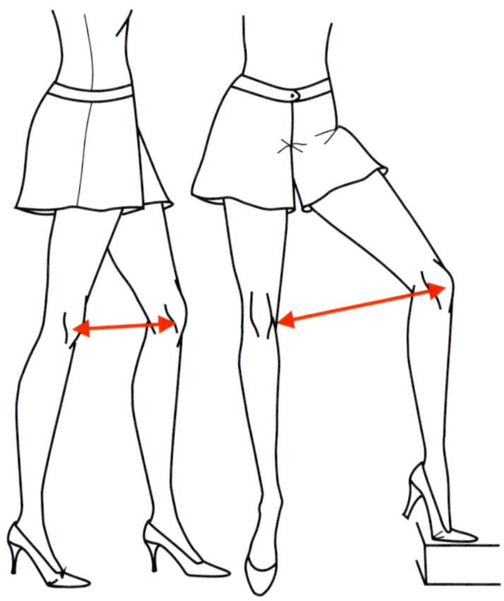

Bild 57

Technische Zeichnung

Das wichtigste Kriterium für diesen Hosentyp ist der Beinabstand in Höhe der Knie (**Bild 57**, rote Pfeile). Dieses Maß ist nicht ganz leicht zu bestimmen, da es im Wesentlichen von den Bewegungen der Beine abhängt und diese sehr verschieden sind.
Dieser Abstand zwischen den Beinen wird von Stoff ausgefüllt. Ist das dafür verwendete Maß zu weit, stört die zu große Stoffmenge zwischen den Beinen. Ist es hingegen zu schmal, wird die Bewegungsfreiheit der Beine eingeschränkt.
Je nach Modell kann dieses Maß variieren, doch am besten geeignet und am gängigsten ist ein Abstand von 50 bis 70 cm. Ebenso wichtig ist die verwendete Stoffqualität: Der Stoff muss dünn und leicht oder fließend sein.

Bei Pluderhosen, die an der oberen Partie – von der Taille bis zur Hüfte – etwas enger anliegen, erleichtert der Grundschnitt die Konstruktion, da so die obere Hosenpartie bereits an die Figur angepasst ist.
Dabei sind lediglich einige Elemente des Grundschnitts zu berücksichtigen: die Form der oberen Partie, die Länge der Seitennaht und die Innenbeinnähte. Die Form der Schrittnaht oder auch der Hosenbruch spielen dagegen überhaupt keine Rolle (**Bild 59**, schwarz gestrichelte Linien).

Bild 58

Methode 1:

Schnittkonstruktion mit Hosengrundschnitt

1. Anpassung des Grundschnitts an das Modell

Damit der Grundschnitt eine brauchbare Basis für die Konstruktion des gewählten Modellschnitts darstellt, müssen einige Änderungen vorgenommen werden.
Zuerst die Seitenlinie neu zeichnen, sodass sie Form und Weite der Pluderhose entspricht. Dazu an Vorder- und Hinterhose von der Hüftlinie bis zum Saum eine senkrechte Linie ziehen (**Bild 59**, schwarze Linien).
Für die Abwandlung der oberen Hosenpartie müssen alle charakteristischen Elemente des Modells berücksichtigt werden: die vertiefte Taille, der Formbund sowie die runde Eingrifftasche.
Zuerst die Breite des angesetzten Formbelegs für den Bund bestimmen (**Bild 59**, in Grün). Damit der Tascheneingriff nicht zu tief sitzt, darf der Beleg nicht zu breit sein – 4 bis 6 cm sind ausreichend.
Am Schnittteil der Vorderhose zwei Parallelen zur Taillenlinie einzeichnen. Der Schnittpunkt der oberen Hüftlinie und der Schrittnaht (**Bild 59**, schwarz gestrichelte Linien) muss in der Mitte der Breite des Formbelegs liegen (**Bild 59**, grüne und blaue Linie).
*Beispiel: Bei einer Belegbreite von 6 cm wird die erste Parallele (**Bild 59**, blaue Linie) 3 cm unterhalb der oberen Hüftlinie gezeichnet, die zweite Parallele (**Bild 59**, grüne Linie) 3 cm oberhalb der oberen Hüftlinie.*

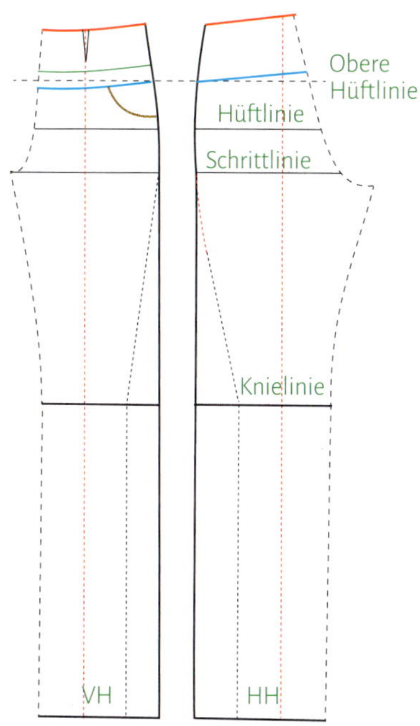

Bild 59

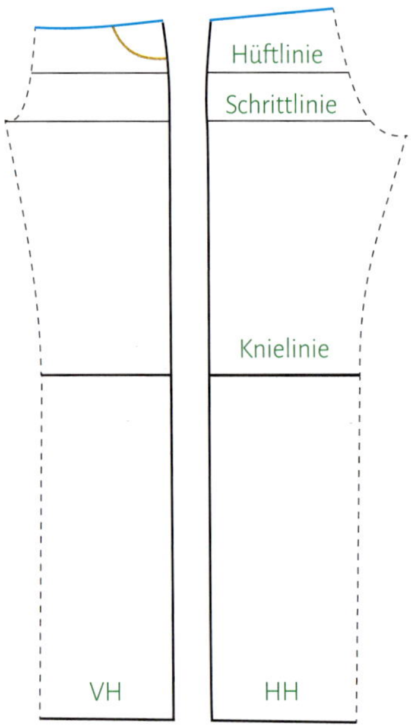

Bild 60

An der Hinterhose die erste Parallele zur Taillenlinie in der gleichen Höhe ansetzen wie das Ende der entsprechenden Linie an der Vorderhose (**Bild 59**, blaue Linie). Die Form dieser Hosenpartie wird später im Verlauf der Konstruktion der Pluderhose entwickelt. Zum Schluss der Abwandlung des Grundschnitts die Öffnung der runden Eingrifftasche einzeichnen. Siehe dazu die Anleitung auf S. 76 und 77.

Damit der Grundschnitt als Basis für die Konstruktion der Pluderhose verwendet werden kann, die Vorder- und Hinterhose ohne die obere Partie (oberhalb der blauen Linie) abpausen (**Bild 60**). Die Linie des Hosenbruchs muss nicht kopiert werden, da sie für die Konstruktion der Pluderhose nicht benötigt wird.

2. Anordnung der Grundschnitt-Teile

Die Konstruktion des Modellschnitts der gezeigten Pluderhose (**Bild 58**) kann gleichzeitig an Vorder- und Hinterhose erfolgen. So können auch einige Fehler vermieden werden, z. B. unterschiedlich geformte Innenbeinnähte oder ungleichmäßiger Abstand zwischen den Schnittteilen.

Zuerst auf einem großen Bogen Papier im Abstand von einigen Zentimetern zwei senkrechte parallele Linien aufzeichnen. Dies sind die hintere und die vordere Mitte (**Bild 61**, rote Linien).

Das Schnittteil der Vorderhose etwa 10 oder 15 cm unterhalb des oberen Randes auf den Bogen legen. Das Ende der oberen Hüftlinie (im vorigen Schritt in Blau eingezeichnet) soll genau an der vorderen Mitte liegen (**Bild 61**, rote Linie).

Den gewählten Abstand der Innenbeinnähte in Kniehöhe (siehe S. 80, **Bild 57**) durch 2 teilen. Das Schnittteil an dem genannten Endpunkt der oberen Hüftlinie so weit drehen, bis der durch 2 geteilte Abstand erreicht ist (**Bild 61**, grüner Pfeil).

Das Schnittteil mit Klebeband oder Stecknadeln in dieser Position fixieren. Dann mit dem Schnittteil der Hinterhose ebenso verfahren.

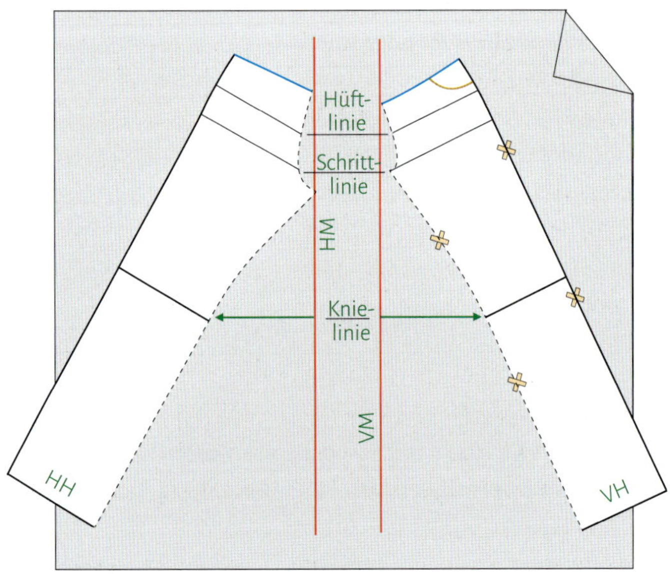

Bild 61

Dabei darauf achten, dass die waagrechten Linien (obere Hüftlinie, Hüftlinie und Knielinie) in derselben Höhe liegen wie am Vorderhosenteil und dass der Abstand in Kniehöhe gleich ist (**Bild 61**, grüne Pfeile).

3. Innenbeinnaht

In diesem Schritt der Schnittabwandlung werden die Saumweite sowie die Höhe der Innenbeinnaht der Pluderhose bestimmt.

Dazu einige Zentimeter unterhalb der Knielinie zwischen der hinteren und vorderen Mitte eine kurze waagrechte Linie einzeichnen (**Bild 62**). Diese Linie markiert die Höhe des unteren Endes der Schrittpartie. Ihre genaue Position hängt vom Modell sowie dem persönlichen Geschmack ab.

Anschließend an den Schnittteilen von Vorder- und Hinterhose die Saumweite der Pluderhose bestimmen. Wichtig ist dabei, dass der Unterschied zwischen der vorderen und hinteren Saumbreite beibehalten wird (siehe S. 38, **Bild 14**), denn auch wenn diese Hose sehr weit ist, könnte ansonsten die Seitenlinie verzogen werden.

Die Erweiterung der Saumlinie wird ab der Innenbeinnaht vorgenommen, niemals ab der Seitennaht. Der Grund dafür ist, dass es von der leicht geschwungenen Form der Taillenlinie abhängt, wie sich die Weite auf die Gesamtbreite der Hose verteilt. Wenn nun die Schrägstellung der Seitennaht verändert würde, die Taillenlinie jedoch an ihrem ursprünglichen Platz bliebe, würde sich die Weite nur an der Seite der Hose bauschen, während die mittlere Hosenpartie glatt und ohne Volumen wäre. Die Saumweite an Vorder- und Hinterhose um etwa das gleiche Maß erweitern (**Bild 62**, kurze grüne Linien am Saum). Ab der Linie der Saumerweiterung eine 4–5 cm lange senkrechte Linie abwinkeln (**Bild 62**, rechte Winkel in Grün).

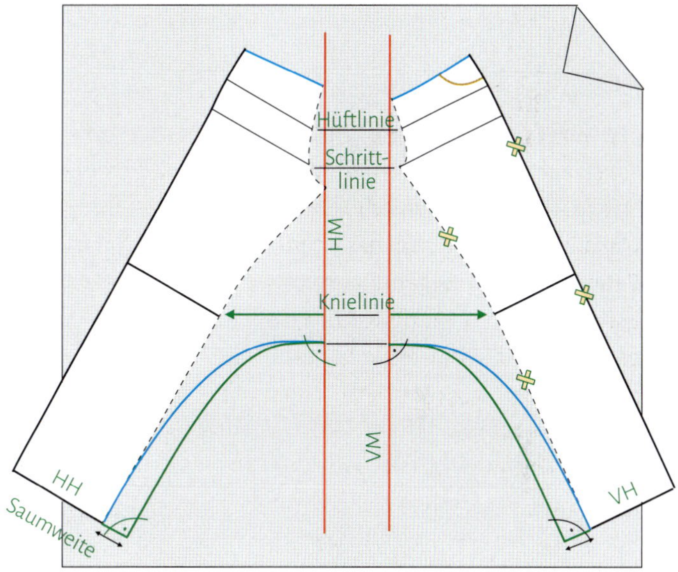

Bild 62

Dann diese Linie in leichtem Bogen so mit der Höhe der Innenbeinnaht verbinden, dass sie genau senkrecht auf die vordere bzw. hintere Mitte trifft (**Bild 62**, rechte Winkel). Diese rechten Winkel sind sehr wichtig für das spätere exakte Zusammennähen der Vorder- und Hinterhose.

Die Innenbeinnaht auch dann auf diese Weise einzeichnen, wenn die Saumweite nicht verändert wird (**Bild 62**, blaue Linien).

4. Anpassung der oberen Hosenpartie

Die Hose wird aus einer halben Hinterhose und einer halben Vorderhose konstruiert. Daher muss die Hosenoberkante korrigiert werden, damit beim Zusammennähen keine Ecken oder Spitzen entstehen. Dazu 1–2 cm über der in Schritt 1 eingezeichneten Hosenoberkante (**Bild 63**, blaue Linie) je eine kurze Senkrechte (4–5 cm) zur vorderen und hinteren Mitte einzeichnen. Deren Ende in leichtem Bogen mit dem äußeren Ende der Hosenoberkante an der Seitennaht der Vorder- bzw. Hinterhose verbinden (**Bild 63**, rote Linien).

Nun zu dieser neu gezeichneten Hosenoberkante (rote Linie) eine Parallele einzeichnen, und zwar im Abstand der in Schritt 1 festgelegten Breite des Formbelegs (**Bild 63**, grüne Linie). Dann mithilfe von Pauspapier, Kohlepapier oder einem Kopierrädchen die Form des Belegs abpausen. Der Beleg wird mit der vorderen und hinteren Mitte im Stoffbruch zugeschnitten.

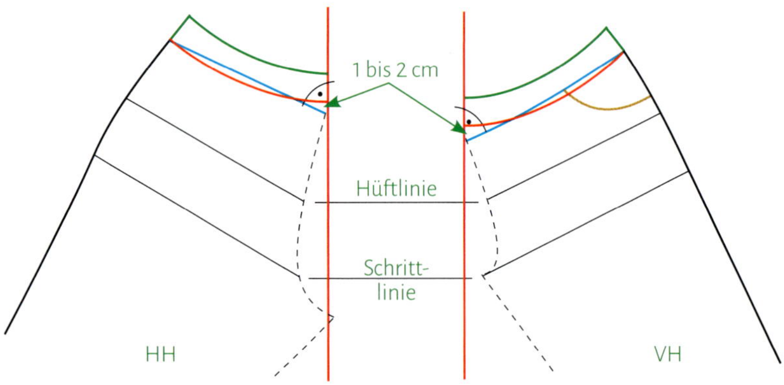

Bild 63

5. Fertiger Modellschnitt

Die Schnittteile von Vorder- und Hinterhose können im Stoffbruch oder auch jeweils 2x separat zugeschnitten werden. In diesem Fall werden sie an der vorderen bzw. hinteren Mitte zusammengenäht.

Hosen dieses Typs gelingen besonders gut, wenn sie im schrägen Fadenlauf zugeschnitten werden (**Bild 64**), da sie durch den Schrägschnitt einerseits bequemer zu tragen sind, andererseits schöner fallen, vor allem bei festerem oder dickerem Stoff.

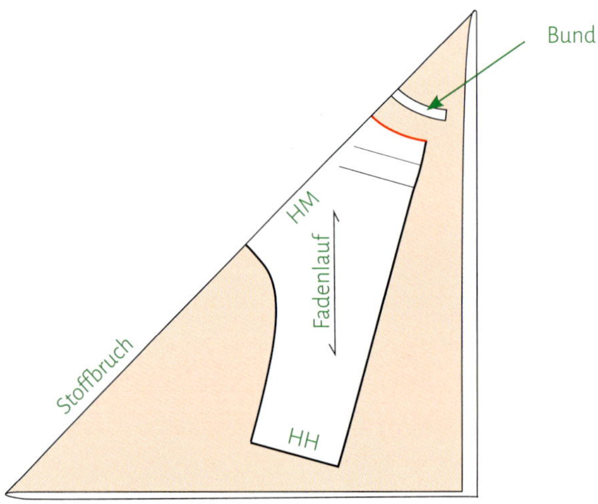

Bild 64

Methode 2:

Schnittkonstruktion ohne Hosengrundschnitt

Um die hier gezeigte Pluderhose (**Bild 65**) zu konstruieren, benötigt man nicht unbedingt den Hosengrundschnitt. Einige wesentliche Maße genügen. Die Weite der Hose wird in der Taille von einem geraden Bund gehalten. Die üppige Saumweite wird an den Knöcheln ebenfalls in anliegende Bündchen gefasst.

Zuerst muss daher die nötige Weite für die gewünschte Dichte der Kräuselfalten an Taille und Knöcheln berechnet werden. Außerdem müssen die Hosenlänge sowie der für komfortable Beinfreiheit erforderliche Beinabstand bestimmt werden.

Bild 65

Für die Konstruktion benötigte Maße:

- Taillenumfang (siehe S. 21)
- Fesselumfang (siehe S. 23)
- Knielänge (siehe S. 19)
- Hosenlänge (siehe S. 15)
- Beinabstand (siehe S. 80)
- Kräuselweite (siehe weiter unten)

Beinabstand

Zur Bestimmung des Beinabstands für die Konstruktion der Pluderhose siehe S. 80 (**Bild 57**). Der Beinabstand wird etwa in Höhe der Knielinie gemessen. Für die auf **Bild 65** gezeigte Pluderhose ist dieses Maß nicht ganz exakt, da ihre Innenbeinnaht extrem tief sitzt.

Daher muss hier der Beinabstand beim Gehen bestimmt werden. Ist der Abstand zu groß, befindet sich zu viel Stoff zwischen den Füßen und behindert die Bewegungen. Ist der Abstand hingegen zu gering, wird die Beinfreiheit eingeschränkt, und es können nur kleine Schritte gemacht werden.

Daher muss man wissen, dass die durchschnittliche Schrittlänge beim Gehen zwischen 50 und 70 cm beträgt (**Bild 66**).

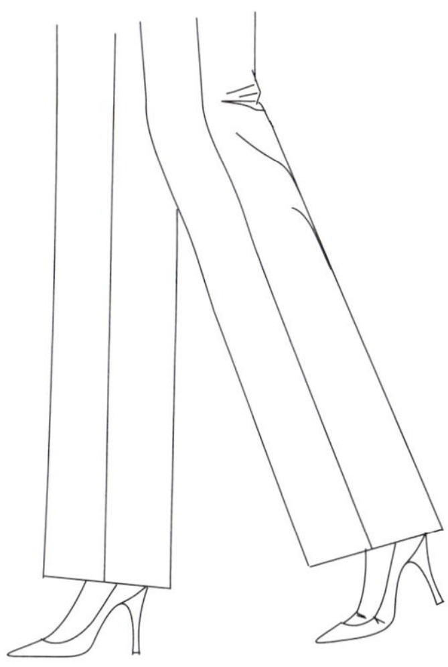

Bild 66

Kräuselweite

Es ist nicht immer ganz leicht, die Stoffbreite zu ermitteln, mit der man die gewünschte Dichte der Kräuselfalten erzielt und zugleich nach dem Einkräuseln wieder exakt die ursprüngliche Breite erhält.

Es gibt jedoch eine einfache Methode, um die genaue Kräuselweite zu berechnen.

Dazu an einem ausreichend langen Stoffstreifen (z. B. 30 cm lang) eine Längsseite auf die gewünschte Faltendichte einkräuseln. Nun am Rand eine 10 cm lange Partie abmessen und einkerben oder mit einer

Stecknadel markieren (**Bild 67A**, roter Strich). Den Kräuselfaden entfernen und den glatt gestrichenen Stoff bis zur Markierung abmessen (**Bild 67B**, roter Strich). Im gezeigten Beispiel beträgt die Länge des glatt liegenden Stoffes 20 cm – für eine eingekräuselte Partie von 10 cm Breite müssen also 20 cm Stoff gerechnet werden.

Beispiel: Bei einem Taillenumfang von 70 cm hat man 70 ÷ 10 = 7. Man rechnet also 7x das auf 10 cm eingekräuselte Probestück. 7 x 20 cm (Länge des glatt gestrichenen Stoffes) = 140 cm. Um an einer Taille mit 70 cm Umfang ringsum die gewünschte Faltendichte zu erhalten, benötigt man also eine ungekräuselte Stoffbreite von 140 cm.

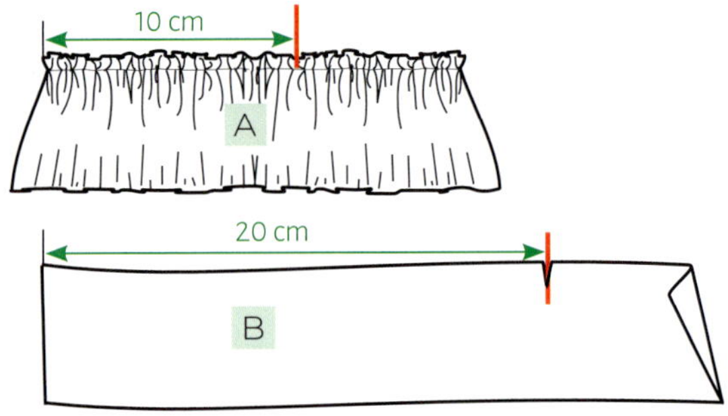

Bild 67

Die Schnittkonstruktion gemäß den folgenden Schritten durchführen.

1. Beginn der Schnittzeichnung mithilfe der Maße

Auf einem großen Bogen Papier (ca. 115 x 80 cm) etwa 5 cm vom rechten Rand entfernt eine lange senkrechte Linie aufzeichnen (**Bild 68**, rote Linie).

Diese Linie ist die hintere und vordere Mitte. Beim Zuschneiden wird sie an den Stoffbruch gelegt.

Rechtwinklig zu dieser Mittellinie weitere Linien einzeichnen: die Taillenlinie ca. 10 cm vom oberen Rand des Bogens entfernt, die Knielänge und die Hosenlänge.

Für den Modellschnitt werden eine halbe Vorderhose und eine halbe Hinterhose konstruiert. Daher unter der Saumlinie der Hose den halben Beinabstand (**Bild 68**, grüner Pfeil) und den halben Fesselumfang (**Bild 68**, schwarzer Pfeil) aufzeichnen. An beiden Enden der Pfeile kurze senkrechte Linien anbringen (**Bild 68**, schwarz gestrichelte Linien).

Zur Berechnung der Saumweite siehe Erläuterungen zu **Bild 67**.

Beispiel: Bei einem Fesselumfang von 24 cm erhält man 24 ÷ 10 = 2,4. Man rechnet daher 2,4 eingekräuselte Segmente. 2,4 x 20 cm (Länge des glattgestrichenen Segments) = 48. Für einen Fesselumfang von 24 cm mit der gewünschten Kräuselfaltendichte werden also 48 cm ungekräuselte Stoffbreite benötigt.

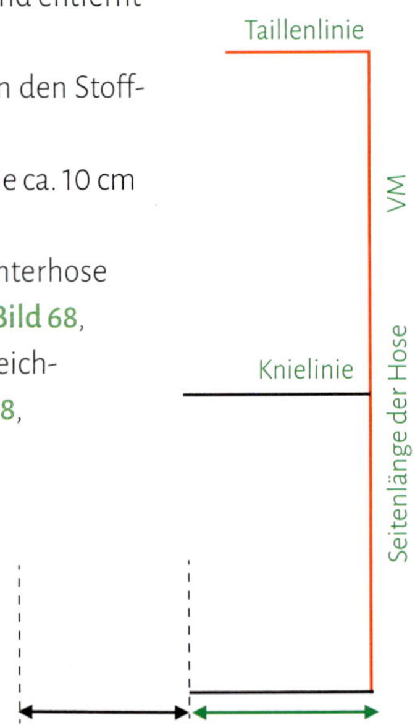

Bild 68

Das eingezeichnete Maß der Hosenlänge (**Bild 68**) muss noch präzisiert werden. Dazu wird prinzipiell an der Seite des Körpers Maß genommen. Die Hosenlänge hängt von der Absatzhöhe ab (siehe S. 15, **Bild 8**). Außerdem muss berücksichtigt werden, dass die bauschigen Kräuselfalten an Taille und Saum auch in der Höhe Stoff „schlucken“, der hinzugefügt werden muss, um sowohl das Volumen der Falten als auch die ursprüngliche Hosenlänge zu bewahren.

Daher müssen je nach Stoffqualität und Kräuselfaltendichte 5 cm oder mehr an das ursprüngliche Maß der Hosenlänge (Taille–Knöchel) angefügt werden.

Wie für die Berechnung der Kräuselweite (**Bild 67**) gibt es auch für die Berechnung dieser Verlängerung eine einfache Methode.

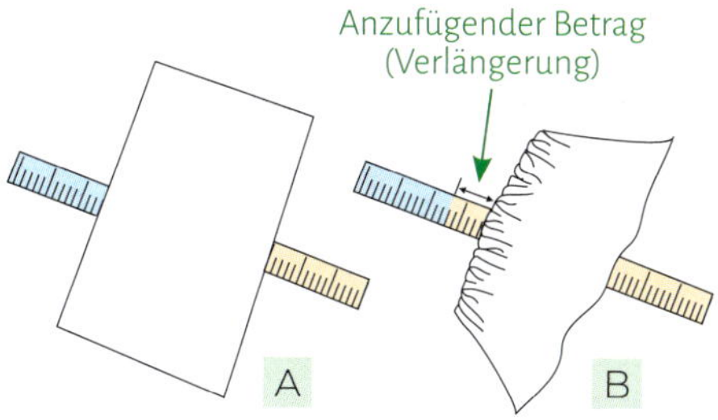

Bild 69

Dafür ein ca. 20 x 30 cm großes Stück des verwendeten Oberstoffs (**Bild 69A**) an einer Längsseite auf die gewünschte Kräuselfaltendichte einkräuseln. Die eingekräuselte Partie auf ein Lineal legen, ohne sie flach zu drücken, damit sie ihr Volumen entfalten und schön bauschig liegen. Die Differenz zwischen dem ersten (**Bild 69A**) und zweiten Maß ist der Betrag, der in der Höhe angefügt werden muss (**Bild 69B**).

2. Umrisse der Schnittteile

Auf der Taillenlinie (**Bild 68**, rote waagrechte Linie) ¼ des berechneten, die ermittelte Kräuselweite einschließenden Taillenumfangs abtragen und markieren (im Beispiel zu **Bild 67**: ¼ von 140 cm = 35 cm).
Ab dieser Markierung eine Gerade (**Bild 70,** schwarze Linie) bis zur senkrechten Linie (**Bild 68**, schwarz gestrichelte Linie) ziehen. Die Länge dieser Linie muss unbedingt exakt der Hosenlänge an der vorderen Mitte entsprechen (**Bild 68**, rote Linie).
Ab dem unteren Ende der Seitennaht rechtwinklig eine Linie ziehen (**Bild 70**, blaue Linie), deren Länge einer halben Saumbreite plus der auf S. 86 (**Bild 67**) berechneten Kräuselweite entspricht. Am Ende dieser Linie einen rechten Winkel anzeichnen (**Bild 70**, Übergang von der blauen zur braunen Linie).
An der gesamten Breite des Beinabstands an der unteren Hosenpartie werden keine Kräuselfalten angebracht. Daher ist an dieser Partie keine Erhöhung zum Ausgleich für die von den Kräuselfalten absorbierte Höhe notwendig. Im Gegenteil: Die Höhe der Innenbeinnaht muss um einige Zentimeter reduziert werden, damit die Länge der Innenbeinnaht zur Beinlänge passt.
An der Mittellinie (**Bild 70**, rote Linie) ab der Saumlinie etwa 5 cm abtragen. Ab diesem Punkt eine Senkrechte zur Mittellinie abwinkeln und in leichtem Bogen mit dem rechten Winkel an der Saumlinie verbinden (**Bild 70**, in Braun).

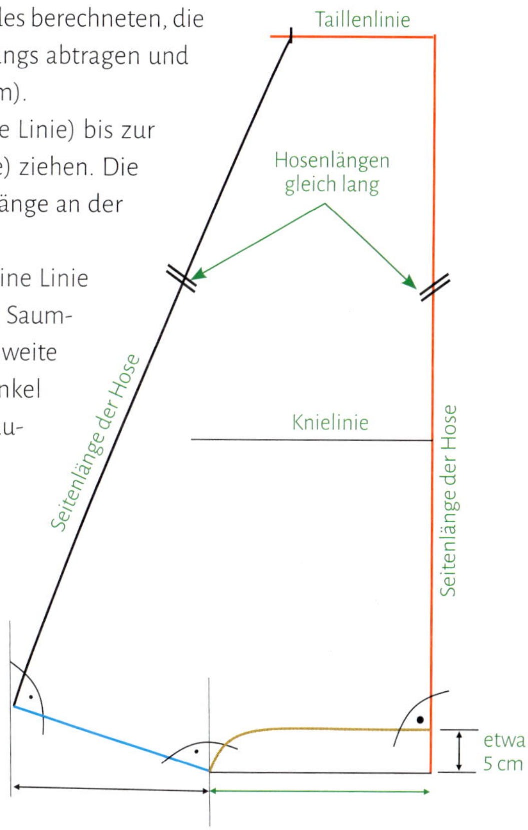

Bild 70

3. Taillenlinie

Die Schnittteile der Vorder- und Hinterhose sind an diesem Modell nahezu identisch – die einzige Ausnahme bildet die Form der Taillenlinie.

In der Konstruktion wird die Taillenlinie durch eine waagrechte Linie dargestellt. Um sie an die Figur anzupassen, muss sie an der vorderen und hinteren Mitte vertieft werden. Das Maß dieser Vertiefung hängt zum Teil von der Körperform ab, aber auch und vor allem von der Schrägstellung der Seitennaht.

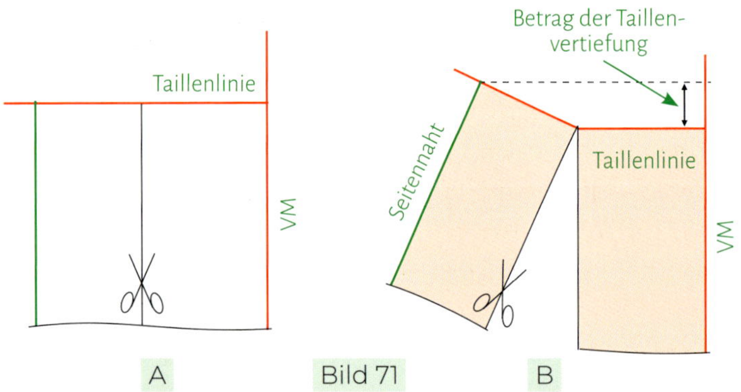

Bild 71

In der hier beschriebenen Konstruktion ohne zuvor angefertigten Grundschnitt ist die Schrägstellung der Seitennaht bereits durch die Maße des Beinabstands und des Fesselumfangs bestimmt. Die Höhe der Taillenvertiefung muss nun gemäß der Schrägstellung der Seitennaht ermittelt werden.

Auf einem Bogen Papier eine waagrechte Linie aufzeichnen, deren Länge einem Viertel des Taillenumfangs entspricht (**Bild 70**). Von beiden Enden der Linie senkrechte Linien nach unten ziehen: die vordere Mitte in Rot und die Seitenlinie in Schwarz (**Bild 71A**).

Etwa in der Mitte des Schnittteils eine weitere Senkrechte ziehen (**Bild 71A**, schwarze Linie) und das Papier an dieser Linie bis an die Taillenlinie einschneiden.

Die aufgeschnittenen Partien öffnen, bis die Neigung der Seitenlinie (**Bild 71B**) derjenigen auf der Schnittzeichnung entspricht.

Ab dem Schnittpunkt von Seiten- und Taillenlinie eine waagrechte Linie bis zur roten Linie der vorderen Mitte ziehen (**Bild 71B**, schwarz gestrichelte Linie). Nun die Höhendifferenz zwischen dieser Linie und der Taillenlinie abmessen: Dies ist das exakte Maß, um das die Taillenlinie des Schnittmusters vertieft werden muss.

Dafür auf dem Schnittmuster ab dem Ende der Seitennaht rechtwinklig eine 3 bis 4 cm lange Linie einzeichnen (**Bild 72**, in Schwarz). Der rechte Winkel (90°) ist hier wichtig, damit die Taillenlinie nach dem Zusammennähen keine Spitzen oder Ecken aufweist.

Zum Aufzeichnen der vorderen Taillenlinie ab der höheren (roten) Taillenlinie das Maß der Taillenvertiefung (**Bild 71B**) abtragen. Die vertiefte Taillenlinie rechtwinklig zur vorderen Mitte beginnen und in einem leichten Bogen zu der kurzen senkrechten Linie an der Seitennaht aufzeichnen (**Bild 72**, grüne Linie).

Zum Aufzeichnen der hinteren Taillenlinie die Hälfte des Maßes der Taillenvertiefung abtragen; dann ebenso fortfahren wie an der Vorderhose (**Bild 72**, blaue Linie).

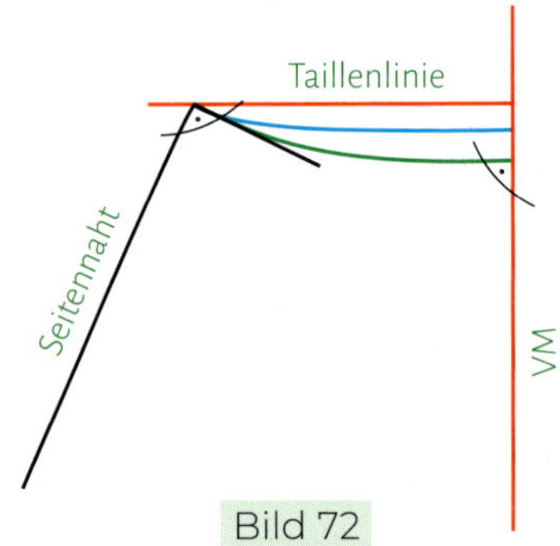

Bild 72

MODELL 6

Angestrebte Kompetenzen

Konstruktion einer Hose ohne Seitennaht und Konstruktion einer vertieften Taille mit breitem Formbeleg.

Beschreibung des Modells

An diesem Modell ist die Gestaltung der Beinweite aufgrund der fehlenden Seitennaht sehr flexibel. Die Hose wird lediglich an der Innenbeinnaht und der Schrittnaht zusammengenäht. Das hintere Hosenbein wird über das vordere geschlagen – die Höhe des Kreuzungspunktes bestimmt, wie weit die beiden Partien sich öffnen können. Die breite Einfassung entlang der Kanten betont die geschwungene Saumlinie.

Für diesen Hosentyp sind leichte fließende Stoffe am besten geeignet, da die breite übereinandergeschlagene Partie, die von der vorderen bis zur hinteren Mitte reicht, sonst zu dick wird.

Der Fall der Hose sowie die Struktur der frei fließenden Partien werden in Höhe der oberen Hüftlinie von einem breiten Formbund gehalten, den zwei dekorative Knopfreihen schmücken.

Ein Verschluss wird in der Naht an der hinteren Mitte angebracht.

Technische Zeichnung

Vor Beginn der Schnittkonstruktion müssen einige Maße festgelegt werden, die für die Schnittzeichnung benötigt werden.

Zuerst wird die Höhe der Überkreuzung von Vorder- und Hinterhose an der Seite der Hose bestimmt (**Bild 73**). Dieses Maß hängt weitgehend vom persönlichen Geschmack ab, je nachdem, wie viel Bein man zeigen möchte. Auch die Stoffqualität spielt eine Rolle.

Wird die Hose aus leichtem Stoff zugeschnitten, fließen die unverbundenen Kanten der Vorder- und Hinterhose leichter auseinander. Die Überkreuzung darf nicht zu hoch sitzen. Wird jedoch ein fließender, aber schwerer Stoff verwendet (z. B. Crêpe), kann die Überkreuzung höher angesetzt werden, da das Gewicht des Stoffes für den senkrechten Fall der Hose sorgt.

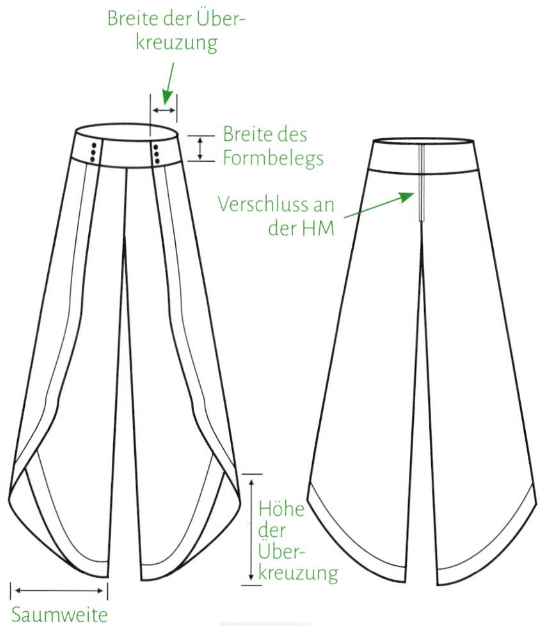

Bild 73

Ein weiterer entscheidender Aspekt ist die Position des Hosenschlitzes. An den meisten Damen- oder Herrenhosen sitzt die Schlitzöffnung an der vorderen Mitte. Je nach Modell kann sie jedoch in einer Naht an der Seite angebracht werden oder aber an der hinteren Mitte wie beim hier gezeigten Modell (**Bild 73**). Wichtig ist, dass der Beginn der Schlitzöffnung immer an der Hüftlinie (dem weitesten Umfang der Hose) liegt, damit die Hose bequem angezogen werden kann.

Die Schritte der Schnittabwandlung

1. Konstruktion der sich überschneidenden Partien

Im ersten Schritt der Schnittabwandlung werden die Linien der ursprünglichen Saumweite verändert, also die Innenbeinlinien und Seitenlinien der Vorder- und Hinterhose. Die Seitenlinien sind für die Konstruktion nicht relevant, da sie je nach Breite der Überkreuzung von Vorder- und Hinterhose neu gezeichnet werden. Daher können sie zur besseren Lesbarkeit des Schnittmusters ausradiert werden, und zwar vom Saum bis zur Höhe der Hüftlinie (**Bild 74**, gestrichelte schwarze Linie).
Ab der Schrittspitze senkrechte Linien nach unten zeichnen (**Bild 74**, blaue Linie an der VH, grüne Linie an der HH).
An Hosen dieser Art, die an der Seite nicht durch eine Naht stabilisiert werden, ist es wichtig, auf andere Weise für den senkrechten Fall des Modells zu sorgen. Daher werden die Innenbeinnähte im Fadenlauf (also parallel zu den Webkanten) zugeschnitten. Die Verbindungsnaht gibt zusätzliche Stabilität, die zu einem korrekten Fall beiträgt. Werden die Innenbeinnähte in beliebiger Schräglage auf dem Stoff platziert und dann im unechten Schrägschnitt zugeschnitten, kann ihre geringere Stabilität den gesamten Fall der Hose beeinträchtigen, vor allem bei Bewegungen der Beine.
Auf der Taillenlinie wird markiert, wie breit die überkreuzte Partie von Vorder- und Hinterhose sein soll. Die erweiterte Partie der Hinterhose wird über die der Vorderhose geschlagen und ist somit in ihrer gesamten Breite sichtbar. Daher ist es wichtig, die Proportionen des Körpers und die durch die Breite der Überkreuzung erzielte optische Wirkung zu berücksichtigen. Wird die Überkreuzung bis zur Linie des Hosenbruchs erweitert, sind die Proportionen garantiert ausgewogen (**Bild 74**).
Die Erweiterung der vorderen Partie erfolgt nach anderen Kriterien, da diese unter der Partie der Hinterhose liegt und damit unsichtbar bleibt. Sie ermöglicht es jedoch, die Höhe der seitlichen Öffnung unten am Hosenbein zu regulieren. Da die Partie nicht zu sehen ist, kann die Erweiterung quasi beliebig breit sein und sogar bis zur hinteren Mitte reichen. Das genaue Maß hängt vom verwendeten Stoff ab. Ist er dünn und leicht, muss die Erweiterung breiter sein. Bei schwerem, fließenderem Stoff genügt eine Erweiterung bis zur Mitte der halben Hinterhose (**Bild 74**).

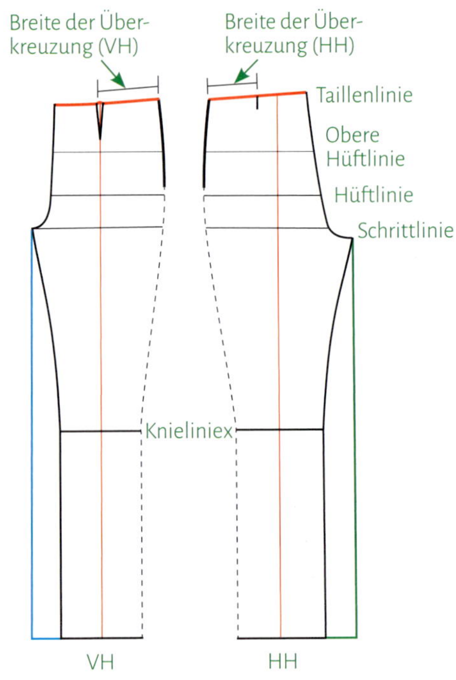

Bild 74

2. Form der Seitenlinien

Ab der Hüftlinie die Seitenlinien der Vorder- und Hinterhose durch senkrechte Linien verlängern. Die beiden Schnittteile an den aufgezeichneten Linien ausschneiden.
Die hintere und die vordere Seitenlinie genau aneinanderlegen (**Bild 75**, schwarz gestrichelte Linie).
Darauf achten, dass die waagrechten Linien beider Teile – obere Hüftlinie, Hüftlinie, Schrittlinie und Knielinie – genau auf einer Höhe liegen.
Die beiden Schnittteile mit Klebeband oder Stecknadeln in dieser Position fixieren. Die Höhe der Überkreuzung von Hinter- und Vorderhose durch eine waagrechte Linie markieren (siehe Informationen auf S. 89, **Bild 73**).
Der Punkt, an dem sich die Kanten der vorderen und rückwärtigen Hosenpartie kreuzen, liegt auf dieser Linie. Um das ursprüngliche Gleichgewicht zwischen der Weite von Vorder- und Hinterhose zu bewahren (siehe S. 38), wird der Kreuzungspunkt etwas nach vorn verlegt, etwa 2 oder 3 cm ab der Seitenlinie (**Bild 75**).

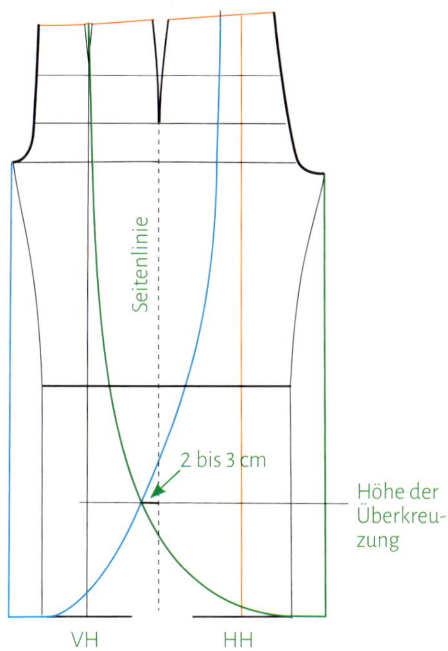

Bild 75

Von der Mitte des vorderen Taillenabnähers über den markierten Kreuzungspunkt eine leicht geschwungene Linie bis zum Saum der Hose zeichnen (**Bild 75**, grüne Linie).
An der Hinterhose ebenso ab dem im vorigen Schritt auf der Taillenlinie markierten Punkt (**Bild 74**) über den Kreuzungspunkt eine geschwungene Linie bis zum Saum ziehen (**Bild 75**, blaue Linie).
Die Stelle, an der die geschwungene Linie auf die Saumlinie trifft, muss an Vorder- und Hinterhose den gleichen Abstand zur Innenbeinnaht haben. Die geschwungenen Linien (blau und grün) müssen durchgehend gleichmäßig sein – ohne Ecken oder Unebenheiten.

3. Konstruktion des Formbelegs

Am gezeigten Modell wird die Taillenhöhe bis zur oberen Hüftlinie vertieft. Den Taillenabschluss bildet ein angesetzter Formbeleg. Die Breite des Belegs beträgt in der Regel 6 bis 8 cm, doch dies ist abhängig von der Taillenvertiefung: Wenn der Beleg unterhalb der oberen Hüftlinie sitzt, kann er auch breiter sein. Wird er hingegen oberhalb der oberen Hüftlinie platziert, passt er sich der Körperform besser an, wenn er schmaler ist.

Die beste Position für einen 8 cm breiten Formbeleg ist auf der oberen Hüftlinie.

Dafür auf der vorderen Schrittnaht jeweils 4 cm oberhalb und unterhalb der oberen Hüftlinie abtragen; so wird die Breite des Belegs gleichmäßig beidseits der oberen Hüftlinie verteilt. Markierungen einzeichnen.

Ab diesen Markierungen parallele Linien zur Taillenlinie einzeichnen (**Bild 76**, braune Linien). Diese ab der Höhe des Belegs an der vorderen Seitenlinie auf dem Schnittteil der Hinterhose fortsetzen, und zwar parallel zur hinteren Taillenlinie.

Die Form des Belegs mithilfe von Pauspapier, Kohlepapier oder einem Kopierrädchen abpausen. Dabei die Abnäherinhalte berücksichtigen (**Bild 77A**).

Die an der vorderen Mitte gelegene Partie zum Anbringen der mit Knöpfen besetzten Ziernaht abtrennen. Die seitlichen Abnäher und den hinteren Taillenabnäher zudrehen, um den Beleg in Form zu bringen. Auf diese Weise erhält er die typische abgerundete Form eines Formbunds (**Bild 77B**).

Unbedingt Passzeichen anbringen, die den Seitenlinien der Hose entsprechen.

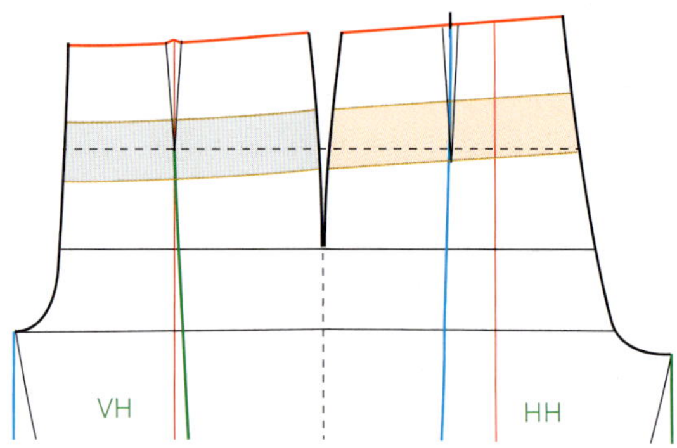

Bild 76

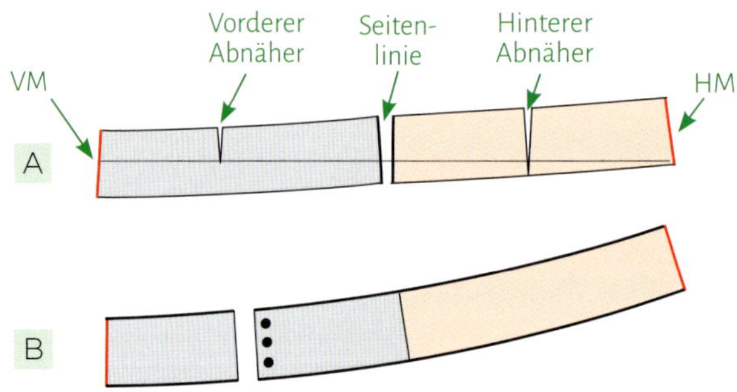

Bild 77

4. Fertiger Modellschnitt

Am Vorder- und Hinterhosenschnitt die obere Partie der Hose ab der im vorigen Schritt eingezeichneten Unterkante des Belegs (**Bild 75**) abtrennen. Die Schnittteile von Vorder- und Hinterhose separat abpausen; dabei die Passzeichen übernehmen (**Bild 78**). Auch den Fadenlauf einzeichnen, um die Teile beim Zuschneiden richtig aufzulegen und eine Hose mit korrektem Fall zu erzielen.

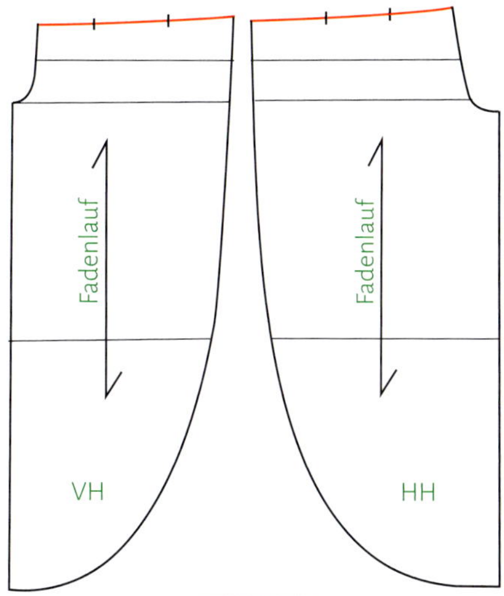

Bild 78

5. Tipps zum Zusammennähen

Damit die Hose später korrekt fällt, muss beim Zusammennähen die richtige Reihenfolge der Schritte beachtet werden. Wichtig ist, dass die vordere und hintere Schrittnaht grundsätzlich nach dem Zusammennähen der Beinlängen geschlossen werden. Bei dem gezeigten Modell müssen zuallererst die hintere und die vordere Partie aufeinandergelegt werden, und zwar unter genauer Beachtung der Passzeichen (**Bild 79**). Dann werden die Innenbeinnähte geschlossen und zum Schluss die gesamte Schrittnaht, von der vorderen Mitte bis zur Markierung der Schlitzöffnung an der Hinterhose.

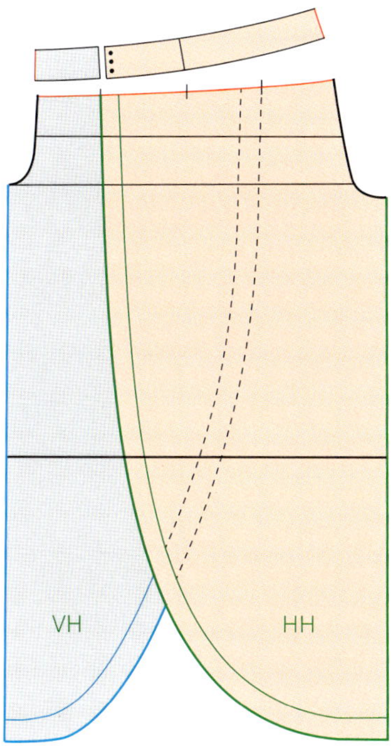

Bild 79

Tipp

Weitere Details zum Anbringen von Verschlüssen finden sie in Teresa Gilewska, *Schnittkonstruktion in der Mode: Zusammennähen und letzter Schliff* (Stiebner Verlag).

MODELL 7

Angestrebte Kompetenzen

Korrekte Verlegung der Taillenabnäher in eine waagrechte Teilungsnaht. Konstruktion eines Hosensattels.

Beschreibung des Modells

Dies ist eine klassische, figurnah geschnittene Hose mit geradem Taillenbund und mit einem an der hinteren Mitte spitz zulaufenden Sattel. Die Konstruktion dieses Hosentyps ist nicht sehr schwierig und kann geringfügig verändert sogar als Grundschnitt verwendet werden.
Die Teilungsnaht des Sattels in Höhe der oberen Hüftlinie ermöglicht es grundsätzlich, die hinteren Taillenabnäher durch Verlegen unsichtbar zu machen.
Am abgebildeten Modell mit hoher Taille ist diese Abnäherverlegung am Schnittteil der Hinterhose ganz einfach und erfolgt ohne besondere Einschränkungen. Das Verlegen der Abnäher in eine waagrechte Teilungsnaht verbessert die Passform und den Tragekomfort eines Modells.

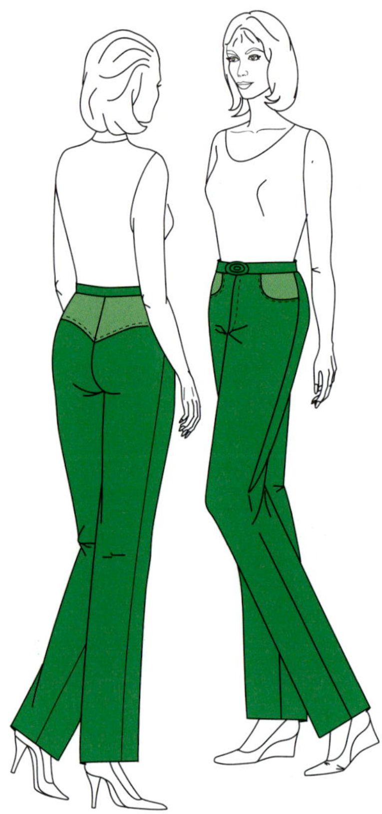

Am vorderen Schnittteil der Hose ist die Abnäherverlegung hingegen nicht immer möglich, da sich die Höhe der Taille sowie die Form der Tascheneingriffe auf den Abnäher auswirken.

Technische Zeichnung

Dieses auf den ersten Blick recht einfache Modell enthält einige Elemente, die gut durchdacht werden müssen. Am wichtigsten ist dabei die Frage der Abnäher, die hier sowohl an der Vorder- als auch an der Hinterhose unsichtbar sind.
Das Verlegen der Abnäher – hinten in die Teilungsnaht des Sattels, vorn in den Einschnitt des Tascheneingriffs – wird durch verschiedene Faktoren bestimmt. Dazu sind einige Erläuterungen notwendig.

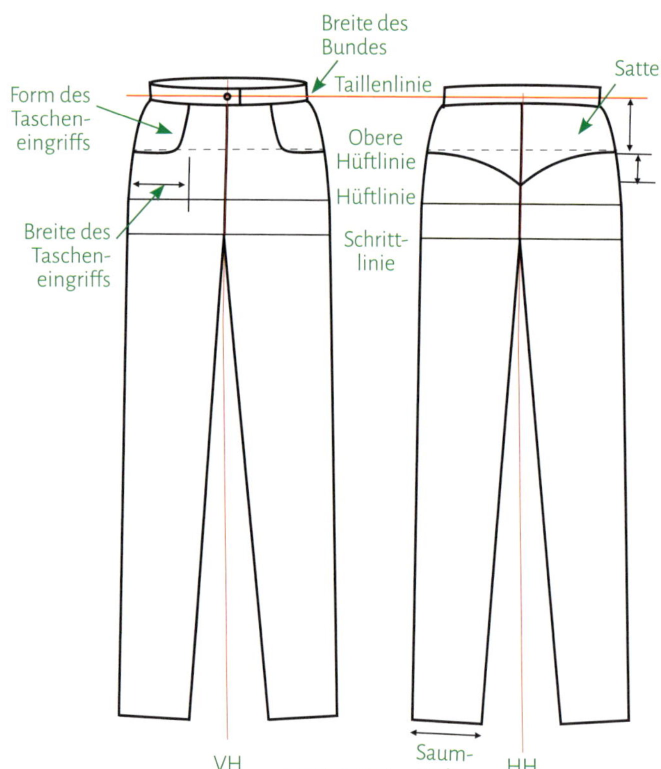

Bild 80

Es ist unmöglich, die endgültigen Maße zu bestimmen und mit ihnen eine exakte technische Zeichnung anzufertigen, ohne die Erläuterungen zur Form des Tascheneingriffs (Schritt 2) und des Sattels (Schritt 5) gelesen und verstanden zu haben.

Die Schritte der Schnittabwandlung

1. Abänderung des Grundschnitts

Die Abwandlung für dieses Modell erfolgt in zwei Abschnitten. Im ersten Teil wird die Saumweite festgelegt. Im zweiten Teil geht es um die Veränderungen an der oberen Hosenpartie, also um die Platzierung der Tasche an der Vorderhose und des Sattels an der Hinterhose.
Die Konstruktion basiert auf einer Saumweite von 40 bis 44 cm (siehe S. 38, **Bild 14**). Um diese zu reduzieren, verwenden Sie das gewünschte Maß der Saumweite; dabei müssen Sie jedoch darauf achten, dass die Linien von der Knielinie abwärts nach wie vor senkrecht verlaufen.

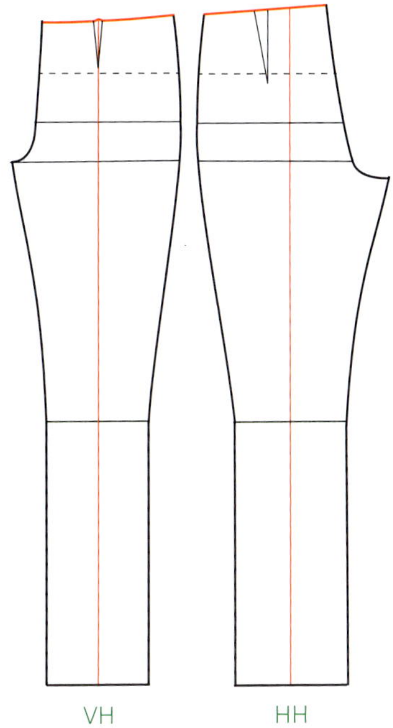

Bild 81

Tipp

Weitere Informationen zur Konstruktion von Bekleidung nach individuellen Maßen finden Sie in *Schnittkonstruktion in der Mode – Maßschnitte* von Teresa Gilewska (Stiebner Verlag).

2. Position der oberen Partie des Tascheneingriffs

Das Modell der Hose mit gerader Taille enthält vorn einen Abnäher auf der Linie des Vorderhosenbruchs (siehe S. 32, **Bild 5**). Wenn man die Regeln der Schnittkonstruktion beachtet, liegt die Abnähernaht genau gegenüber der Naht des Tascheneingriffs (**Bild 82A**, in Grün).

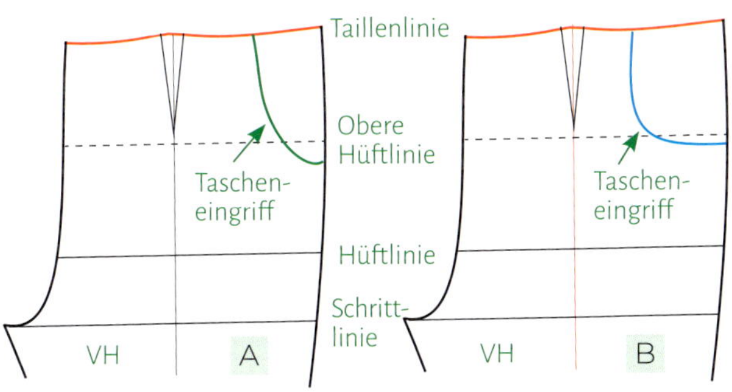

Bild 82

Aus ästhetischen Gründen kann der Abnäher in den Einschnitt der Tasche verlegt werden, jedoch nur, wenn der Abnäherinhalt nicht mehr als 2,5 cm beträgt. Ist der Abnäherinhalt größer, würde das Verlegen in die Taschenöffnung dazu führen, dass der Tascheneingriff absteht. In diesem Fall muss die Tasche in die Seitennaht verlegt werden (siehe S. 60/61), um die Abnähernaht von der Naht des Tascheneingriffs zu entfernen.

Der Eingriff der runden Eingrifftasche kann beliebig geformt sein. Im gezeigten Fallbeispiel muss die Form der oberen Partie des Eingriffs jedoch der senkrechten Ausrichtung des Abnähers angepasst werden (**Bild 82B**).

In der Regel wird die Größe des Tascheneingriffs nach bestimmten Maßen festgelegt, damit er weder zu eng noch zu weit wird. Am gezeigten Modell sind die genauen Maße hingegen zweitrangig: Das wichtigste ist die Form, damit der Eingriff den (senkrechten) Abnäher aufnehmen kann, ohne sich zu verformen.

3. Konstruktion des Taschenbeutels

Zuerst die Form des Tascheneingriffs bestimmen, dann den Abnäherwert in den Tascheneinschnitt verlegen. Dazu auf der Taillenlinie ab der Linie des Eingriffs (**Bild 83**, blaue Linie) den Abnäherinhalt abtragen und markieren. Diese Markierung durch eine gerade Linie mit der Rundung des Tascheneingriffs verbinden (**Bild 83**, grüne Linie). Dabei darauf achten, dass die Linie gleichmäßig ist und keine Spitzen oder Ecken aufweist.

Mehrere Passzeichen anbringen, da beim Zusammennähen des Eingriffs verschieden geformte Kanten angeglichen werden müssen: die des oberen Taschenbeutels und die des Einschnitts an der Vorderhose (**Bild 84**).

Zur Fertigstellung der Konstruktion gemäß der Anleitung auf S. 76 (**Bild 51** und **52**) den Taschenbeutel aufzeichnen (**Bild 83**, in Braun).

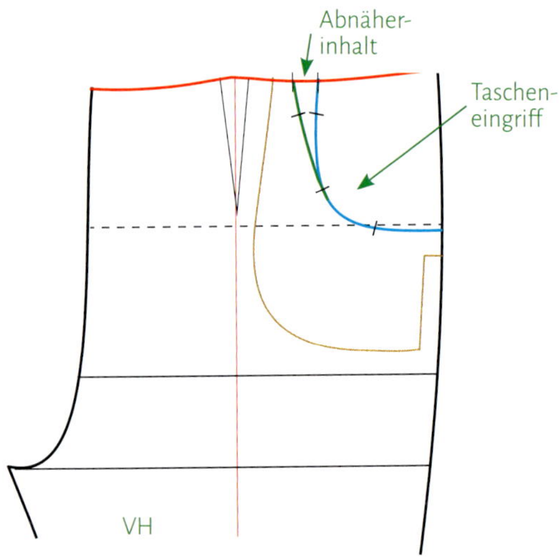

Bild 83

Mithilfe von Pauspapier, Kohlepapier oder Kopierrädchen die verschiedenen Teile der Tasche (den oberen und unteren Taschenbeutel) abpausen und an der Seite des Vorderhosenteils die Taschenpartie abschneiden (**Bild 84**). Nicht vergessen, an allen Elementen der Tasche Passzeichen anzubringen.

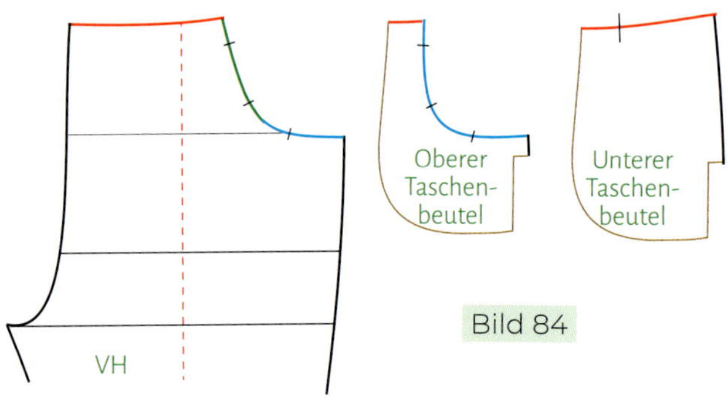

Bild 84

4. Breite des Tascheneingriffs

Beim Aufzeichnen der Form des Tascheneingriffs wird die Breite des Tascheneingriffs berücksichtigt. Dieses Maß hängt von der Breite der Hand ab (siehe S. 60, **Bild 21**).

Die Höhe der Hosenoberkante an der Taille ist festgesetzt. Daher muss der Ansatz des Eingriffs nach unten verlegt werden, denn wenn der Eingriff zu weit nach oben geöffnet ist, wird er unbequem und neigt dazu, sich bei jedem Durchschieben der Hand zu verformen.

Um das exakte Maß des Eingriffs zu bestimmen, zuerst dessen untere Partie 1–2 cm neben der Seitenlinie beginnend abmessen. Dieser kurze Abstand ist notwendig, um den Übergang des Eingriffs zur Seite der Hose zu befestigen (Nahtverriegelung). Das Maß der Handbreite abtragen, dann eine zweite Markierung oben am Tascheneingriff anbringen (**Bild 85**, kurze grüne Linie).

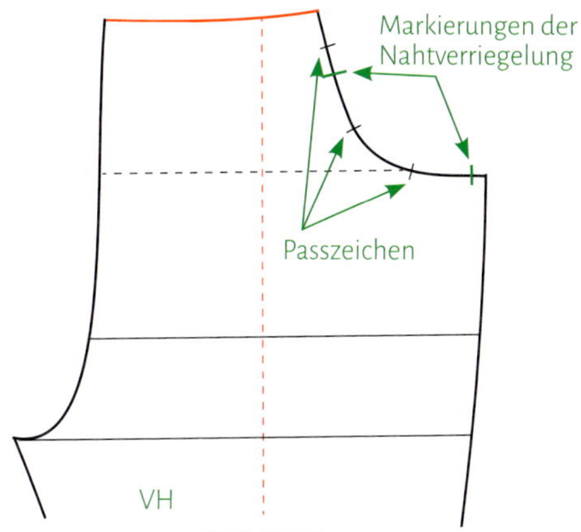

Bild 85

5. Sattel an der Hinterhose

Die Teilungsnaht des Sattels kann verschieden geformt sein. Hier verläuft sie leicht geschwungen, beginnt in Höhe der oberen Hüftlinie und endet etwas oberhalb der Hüftlinie (**Bild 86**, grüne Linie) – diese Form passt sich der Gesäßrundung besonders gut an.

Seitlich kann die Höhe der Teilungsnaht an die Höhe des Tascheneingriffs angeglichen werden. Dies ändert nichts an der Konstruktion, sieht jedoch besser aus, da die beiden Einschnitte eine durchgehende Linie bilden.

Die Teilungsnaht verläuft in leichtem Bogen über die Spitze des hinteren Taillenabnähers zur hinteren Mitte. Es ist sehr wichtig, dass die gesamte Abnäherlänge in den Hosensattel integriert wird. Die Teilungsnaht endet etwa in der Mitte zwischen oberer Hüftlinie und Hüftlinie.

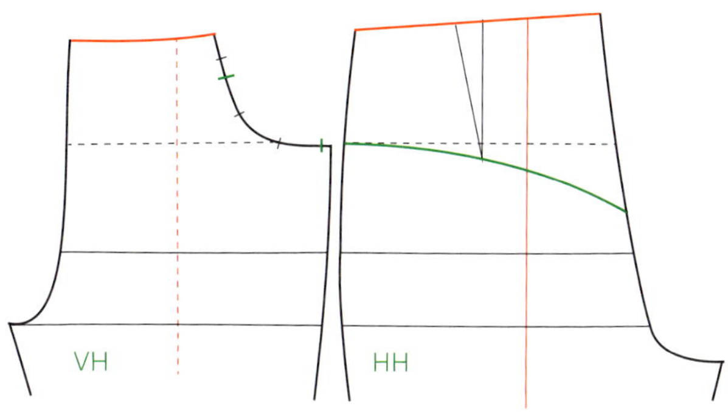

Bild 86

Würde sie tiefer angesetzt, würde sie an der Rundung der Schrittnaht enden. Höher angesetzt würde sie hingegen nicht die gesamte Abnäherlänge einschließen, was sich auf die weitere Schnittkonstruktion auswirken würde.

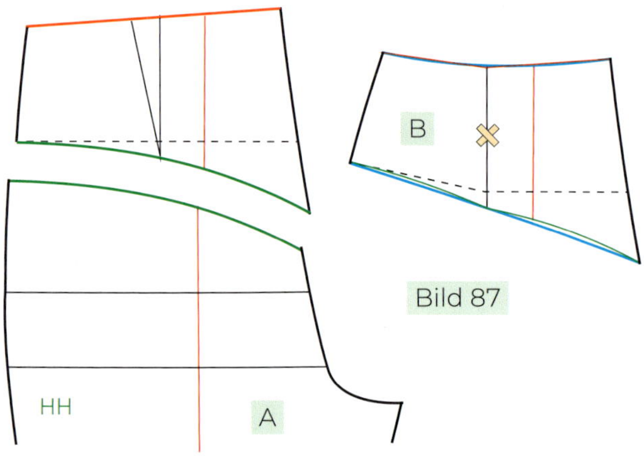

Bild 87

Die obere Hosenpartie an der im vorigen Schritt der Abwandlung eingezeichneten Linie (**Bild 86**, grüne Linie) abtrennen. Am Schnittteil des Hosensattels den Inhalt des Abnähers (**Bild 87 A**) herausnehmen.

Zum Zulegen des Abnähers die Schenkel aufeinanderlegen. Das Schnittteil mit Klebeband in dieser Position fixieren. Die Ober- und Unterkante des Sattel neu zeichnen; dabei die durch die Konstruktion entstandenen Ecken begradigen (**Bild 87B**, in Blau).

6. Kontrolle der Teilungsnaht des Hosensattels

Wie bei allen am Grundschnitt vorgenommenen Abwandlungen wird auch hier abschließend überprüft, ob die einzelnen Schnittteile bündig aneinanderpassen. Erst dann folgen das Anfügen der Nahtzugaben und das Zuschneiden.

Den Sattel so an die Hinterhose legen, dass die Schrittnaht eine bündige Linie bildet (**Bild 88**).

Die grüne Linie (Oberkante des Hinterhosenteils) und die blaue Linie (Unterkante des Hosensattels) müssen ohne den geringsten Versatz aufeinanderpassen. Bei Bedarf die Linien korrigieren. Mehrere Passzeichen anbringen, damit die Teile exakt zusammengenäht werden können.

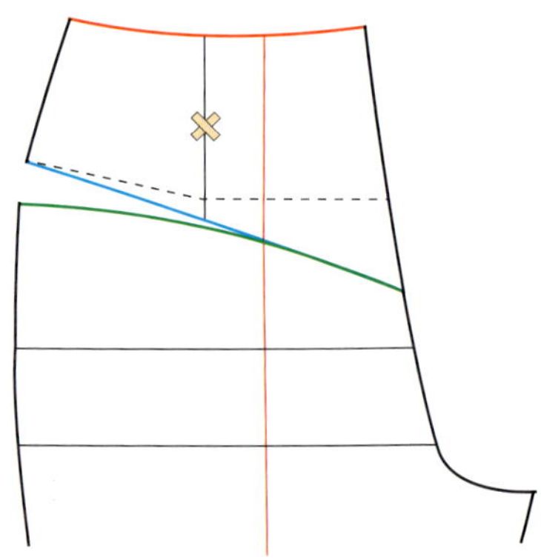
Bild 88

Gut zu wissen

An der geraden Hose mit Taillenbund kann der Taillenabnäher in die waagrechte Teilungsnaht des Hosensattels verlegt werden (wie auf **Bild 88** gezeigt). Diese Abwandlung wird nur an der Hinterhose vorgenommen, niemals an der Vorderhose. Der Grund dafür ist, dass der Körper vorn und hinten unterschiedlich geformt ist.

An der Hinterhose haben die verschiedenen Taillenabnäher die Funktion, den Stoff in eine gewölbte Form zu bringen, damit er an der Gesäßrundung anliegt. An der Vorderhose ist der in die Waagrechte verlegte Abnäher hingegen zu kurz und reicht daher gar nicht bis zur mehr oder weniger gewölbten Bauchpartie. So verursacht das Ende des Abnähers, dass der Stoff am Beckenknochen absteht, also an einer flachen Partie des Körpers.

Hosensattel an Hosen mit niedriger Taille

An der zuvor gezeigten Hose (S. 94) ist es aufgrund der Körperformen nicht möglich, an der Vorderhose eine waagrechte Teilungsnaht anzubringen. Damit die Abnähernaht unsichtbar wird, verlegt man diese in den Einschnitt der Tasche. Im Gegensatz zu diesem Prinzip, das für Hosen mit hoher Taille gilt, kann an Modellen mit niedriger Taille in Höhe der oberen Hüftlinie eine waagrechte Teilungsnaht angebracht werden, da der Taillenabnäher gar nicht existiert.
Wie am zuvor gezeigten Modell sind auch hier die Abwandlungen am Grundschnitt minimal. Weitenzugaben erfolgen nach persönlichen Vorlieben (siehe S. 41), und eventuell kann die Saumweite verändert werden (zur entsprechenden Konstruktion siehe S. 30–42).

1. Taillenbund

Für die Abwandlung der oberen Hosenpartie zunächst die Position der vertieften Taille einzeichnen; dabei die Breite des Bundes berücksichtigen, die daher als Erstes bestimmt werden muss.
Der Bund kann etwa zwischen 4 und 8 cm breit sein, je nach Modell und persönlichem Geschmack. Am gezeigten Modell beträgt die Breite des Bundes 4 cm.
Diese Bundbreite wird an der Linie der vorderen Mitte zu gleichen Teilen oberhalb und unterhalb der oberen Hüftlinie verteilt. Ab diesen Punkten die Form des Bundes durch parallel zur Taillenlinie verlaufende Linien einzeichnen (**Bild 89**, blaue und braune Linie).

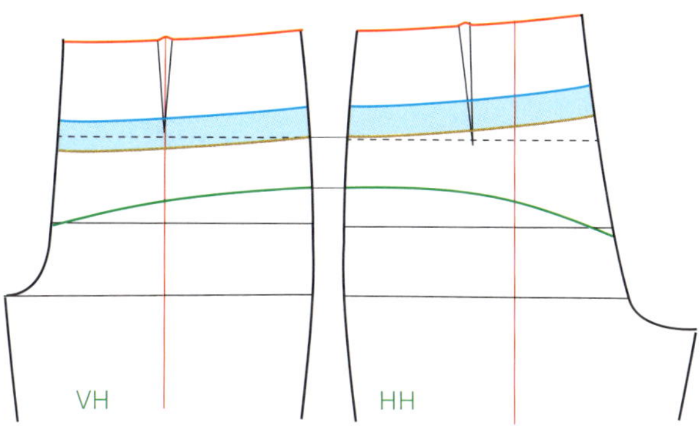

Bild 89

Wichtig ist, dass die Unterkante des Bundes (**Bild 89**, braune Linie) unterhalb der Spitze des vorderen Abnähers liegt.
Den Bund auch an der Hinterhose einzeichnen (**Bild 89**, blaue Partie), und zwar so, dass er an der Seitennaht in der gleichen Höhe sitzt wie an der Vorderhose. Diese Höhe wird ab der Taillenlinie gemessen (**Bild 89**, rote Linie).

2. Hosensattel

Ein Sattel (auch Passe) ist eine Partie, die aus dekorativen oder technischen Gründen (d. h. Aufnehmen eines gedrehten oder verlegten Abnähers) an einem Kleidungsstück an- oder eingesetzt wird. Die Einschnittlinien eines Sattels müssen so platziert werden, dass die Proportionen des Körpers berücksichtigt werden.

An Hosen werden die Einschnittlinien an der oberen Partie von Hinter- und Vorderhose ab der Hüftlinie oder höher angesetzt. Sitzen sie tiefer, enden sie an der Rundung der Schrittnaht, was die Optik und den Tragekomfort des Modells beeinträchtigt.

Unter Berücksichtigung dieser Aspekte die gewünschte Form der Einschnittlinie aufzeichnen. Der Ausgangspunkt der Einschnittlinien muss an der vorderen und hinteren Seitennaht auf derselben Höhe liegen (**Bild 89**, grüne Linien).

Mithilfe von Pauspapier, Kohlepapier oder einem Kopierrädchen die Teile des Bundes (**Bild 90**, blaue Partien) abpausen, dann am Bund und am Hosensattel die Taillenabnäher zulegen (siehe dazu die Erläuterungen auf S. 92, **Bild 77**).

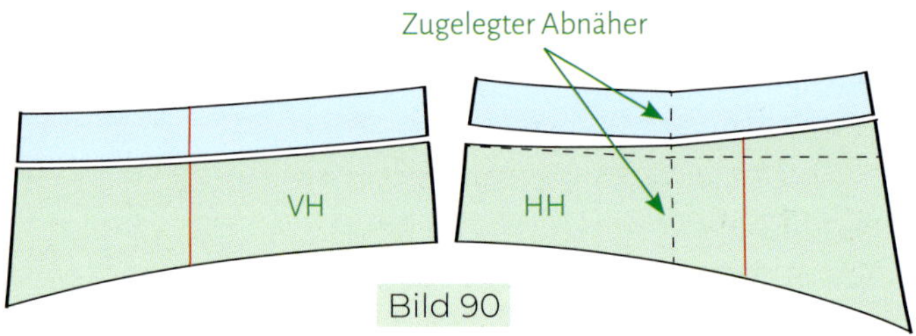

Bild 90

3. Fertiges Schnittmuster

Der letzte Schritt dieser Abwandlung besteht in der Überprüfung, ob die einzelnen Schnittteile exakt aneinanderpassen. Dazu werden die Teile aneinandergelegt: Am Schnitt der Vorderhose müssen die Linien des Bundes (**Bild 91**, in Blau), des Sattels (in Grün) und der unteren Hosenpartie ohne Versatz genau bündig und parallel verlaufen (**Bild 91**).

An der Seitenlinie der Hinterhose ist hingegen durch das Verlegen des Taillenabnähers eine leichte Verschiebung zwischen den flach hingelegten Teilen entstanden (**Bild 91**). Diese Verschiebung ist notwendig. Ist sie nicht vorhanden, muss die Verlegung des Taillenabnähers kontrolliert werden (S. 98).

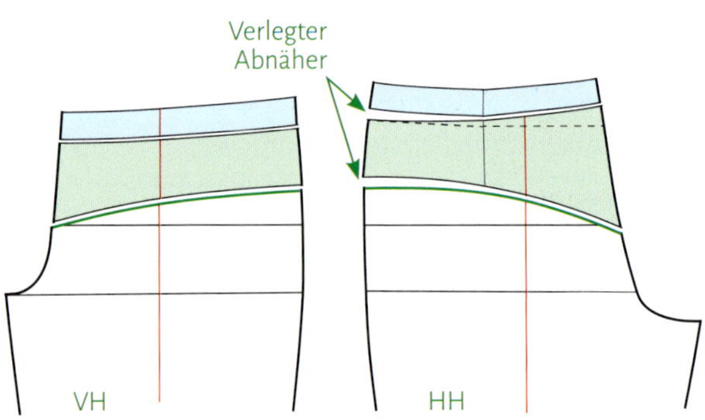

Bild 91

MODELL 8

Angestrebte Kompetenzen

Konstruktion einer Hose aus Stretchstoff. Berücksichtigung von Grad und Richtung der Elastizität eines Stoffes.

Beschreibung des Modells

Zahlreiche Hosenmodelle wie Slim-Fit-Jeans, Leggings, Keilhosen etc. werden aus elastischen Stoffen angefertigt. Diese Hosen sind sehr bequem und als Alltagskleidung äußerst beliebt. Der korrekte Umgang mit der Dehnbarkeit von Stoffen ist jedoch nicht immer ganz einfach. Grundsätzlich ist es zwingend erforderlich, das Schnittmuster an den Grad der Elastizität anzupassen, doch auch die Richtung der Dehnbarkeit muss beachtet werden.

Ein Stretchmodell, das nach dem Grundschnitt oder mit etwas reduzierter Größe der Schnittteile angefertigt wurde, erweist sich oft als zu klein, zu groß oder auch zu kurz.

Wenn Sie also Stoff mit einem bestimmten Grad der Elastizität sowie einer Dehnrichtung verwenden, müssen Sie vor Beginn der Schnittkonstruktion und vor dem Zuschneiden über einige grundlegende Dinge Bescheid wissen.

Elasthananteil und Elastizität

Auf den meisten Etiketten zur Stoffzusammensetzung wird der prozentuale Elasthananteil angegeben, der etwas über die Dehnfähigkeit des Stoffes aussagt. Angaben zur Dehnrichtung, d. h. zur Dehnbarkeit in der Breite (Richtung der Schussfäden, Querelastizität) oder in der Länge (Richtung der Kettfäden, Längselastizität) sind hingegen selten.

Wichtig zu wissen ist dabei, dass die Anpassungsfähigkeit eines Stoffes durch den Prozentsatz seiner Dehnfähigkeit (Elastizität, nicht identisch mit dem Elasthananteil!) ausgedrückt wird. Ein Stoff mit einem Elasthananteil von 2–3 %, z. B. ein Baumwollstoff, verbessert den Tragekomfort und die Fähigkeit eines Kleidungsstücks, nach dem Ausdehnen wieder die ursprüngliche Form anzunehmen (Rücksprungskraft). Stoffe mit 15–50 % Elasthananteil – wie manche Jerseystoffe – schmiegen sich an die Rundungen des Körpers an, ohne an der Haut zu kleben. Sie werden meist für T-Shirts, Sport- und Bademoden, Hosen etc. verwendet. Bi-elastische Stoffe mit einer Elastizität von 200 % und darüber werden für Sport- und Skikleidung, Shapewear oder medizinische Hilfsmittel (Sanitätsbedarf) angefertigt.

Berechnung der Elastizität eines Stoffes

Um den Prozentsatz der Elastizität eines Stoffes zu berechnen, ein z. B. 10 x 20 cm großes Stück des gewählten Stoffes zuschneiden (**Bild 92A**, in Grau). Dieses Stoffmuster auf ein Lineal legen. Den Stoff an beiden Seiten festhalten und dann waagrecht (quer) maximal dehnen (**Bild 92B**). Auf dem Lineal die Differenz zwischen den beiden Maßen ablesen (**Bild 92A**, in Rosa).

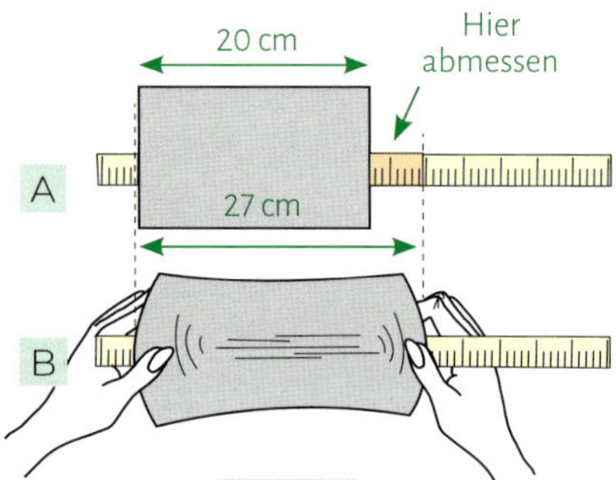

Bild 92

Beispiel: Das 20 cm lange Stoffmuster lässt sich auf 27 cm dehnen. Die Differenz, um die der Stoff gedehnt wird, beträgt also 7 cm. Um nun den Prozentsatz der Elastizität zu ermitteln, berechnet man: 7 ÷ 20 = 0,35 x 100 = 35 %. Die Querelastizität dieses Stoffes beträgt also 35 %.

Um den Schnitt von Modellen aus elastischen Stoffen zu konstruieren, ist es unerlässlich, den Prozentsatz der Querelastizität eines Stoffes zu kennen.

Bei eng anliegender Kleidung (z. B. Leggings) wird der Stoff an Beinen und Hüfte gedehnt und verkürzt sich dabei in einer mechanischen Reaktion automatisch in der Länge. Daher muss als Ausgleich für diesen Verlust in der Länge ein bestimmtes Maß angefügt werden, damit die Hose nach dem Anziehen nicht zu kurz ist. Bei der Schnittkonstruktion für ein weiter geschnittenes Modell wie z. B. ein T-Shirt muss hingegen kein Längenverlust ausgeglichen werden.

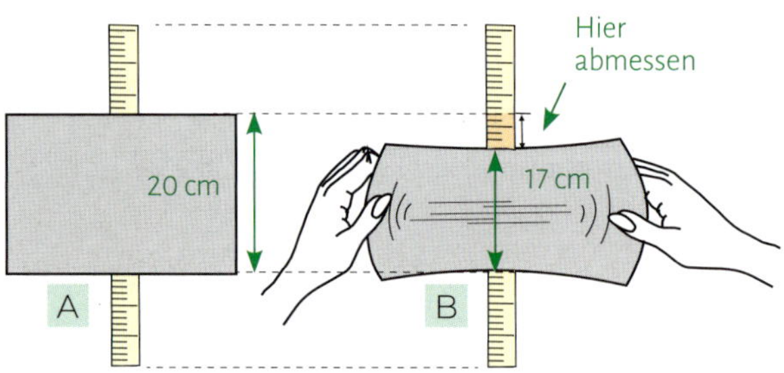

Bild 93

Um abzumessen, wie groß der Längenverlust eines quer gedehnten Stoffes ist, wird ebenso verfahren wie beim vorhergehenden Test (**Bild 92**). Zuerst die Höhe des Stoffmusters messen und dieses dann quer dehnen. Anhand der Differenz zwischen den beiden Werten (**Bild 93B**, in Rosa) kann man den Prozentsatz der Längsverkürzung berechnen. Dazu geht man genauso vor wie bei der Berechnung der Querelastizität eines Stoffes (**Bild 92**).

Beispiel: Ein 20 cm hohes Stoffstück ist gedehnt nur noch 17 cm hoch. Die Differenz zwischen ungedehntem und gedehntem Stoff beträgt also 3 cm. Der Prozentsatz der Elastizität wird wie folgt berechnet: 3 ÷ 20 = 0,15 x 100 = 15 %. Die Längselastizität dieses Stoffes beträgt also 15 %.

Berücksichtigung der Elastizität auf dem Schnittmuster

Um bei der Schnittkonstruktion die Elastizität des Stoffes zu berücksichtigen, gibt es eine einfache Technik. Ausgehend vom ermittelten Prozentsatz der Elastizität wird der auf die Maße anzuwendende Multiplikator berechnet wie folgt:

Beispiel: Wenn die Elastizität 28 % beträgt, muss man diesen Prozentsatz durch 2 dividieren, also: 28 ÷ 2 = 14. 100 – 14 = 86 ÷ 100 = 0,86. Der erhaltene Multiplikator ist also 0,86. Dies bedeutet: Jedes auf dem Grundschnitt enthaltene Maß muss mit 0,86 multipliziert werden, damit man die korrekten Maße für die Konstruktion einer Hose aus einem Stoff mit 28 % Elastizität erhält.

Auf dem Hosengrundschnitt dient die senkrechte Linie des Hosenbruchs (**Bild 94**, in Rot) als Referenzlinie für die Weitenmaße, die Knielinie ist Referenzlinie für die Längenmaße (**Bild 94**).

Den Grundschnitt durch waagrechte Linien (**Bild 94**, schwarz gestrichelte Linien) und senkrechte Linien (**Bild 94**, blaue Linien) in mehrere Segmente unterteilen. Auf den waagrechten Linien wird in der Breite das Maß der Querelastizität angewendet, auf den senkrechten Linien in der Höhe das Maß der Längselastizität.

Auf jeder der gestrichelten Linien den Abstand vom Hosenbruch zu den Außenlinien des Schnittteils abmessen. Die gemessenen Werte mit dem zuvor berechneten Multiplikator multiplizieren (**Bild 95**).

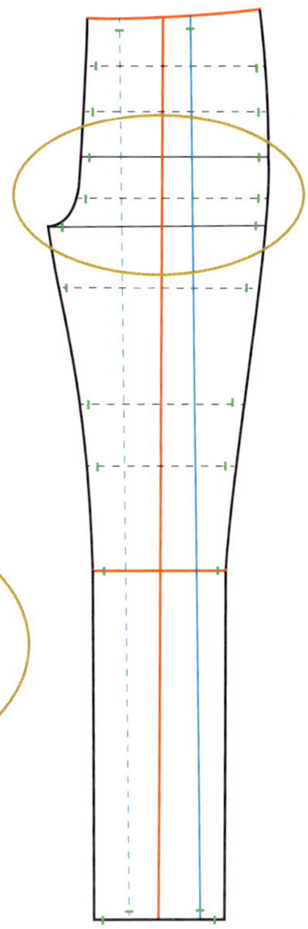

Bild 94

Wichtig: Für ausgewogene Proportionen der Hose die Maße auf beiden Seiten des Hosenbruchs reduzieren (**Bild 95**).

*Beispiel: Wenn der Abstand vom Hosenbruch zur Seitenlinie 14 cm beträgt (**Bild 95**, Pfeil im vergrößerten Bildausschnitt), dann erhält man:*

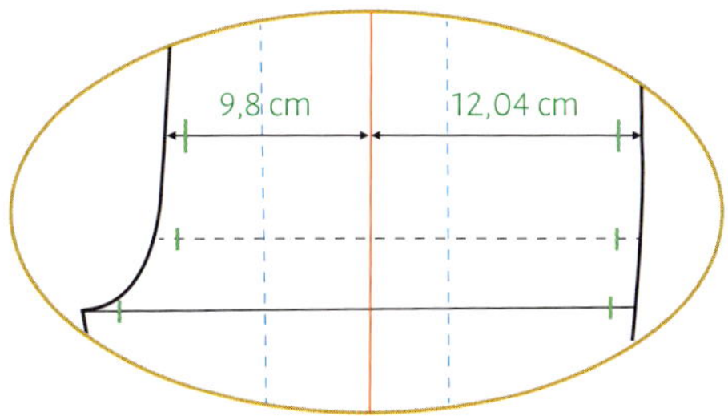

Bild 95

*14 x 0,86 = 12,04. Ab der Linie des Hosenbruchs (**Bild 95**, rote Linie) in Richtung der Seitennaht auf allen waagrechten Linien 12,04 cm abtragen und markieren (in Grün).*

*Auf der anderen Seite des Hosenbruchs ebenso vorgehen: Wenn der Abstand vom Hosenbruch zur Schrittnaht 11,4 cm beträgt (**Bild 95**, Pfeil im vergrößerten Bildausschnitt), erhält man: 11,4 x 0,86 = 9,8. Ab der Linie des Hosenbruchs (**Bild 95**, rote Linie) in Richtung der Schrittnaht auf allen waagrechten Linien 9,8 cm abtragen und markieren (in Grün).*

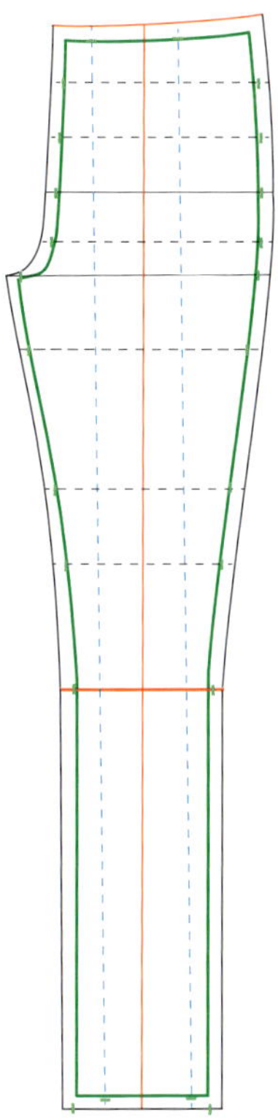

Bild 96

Ändern Sie Ihren Grundschnitt wie im Beispiel, jedoch auf Basis Ihrer eigenen Berechnungen und der Maße, die Sie auf Ihrem eigenen Grundschnitt an jeder waagrechten und senkrechten Linie abmessen.

Achtung: Auch die Richtung der Elastizität eines Stoffes muss berücksichtigt werden. Wenn es sich um einen bielastischen Stoff handelt (Stoff mit Längs- und Querelastizität), wird der Multiplikator an den Weitenmaßen (**Bild 94**, schwarz gestrichelte Linien) und Längenmaßen (**Bild 94**, blau gestrichelte Linien) angewendet.

Dehnt der Stoff sich jedoch nur in eine Richtung (monoelastisch), wird der Multiplikator auch nur auf die Maße in der Dehnungsrichtung angewendet, in der Regel in der Breite (**Bild 94**, schwarz gestrichelte Linien). Monoelastischer Stoff mit Längselastizität ist sehr selten.

Neuzeichnen der Umrisse der Schnittteile

Wenn Sie an jedem der abgeteilten Segmente alle neuen Maße berechnet und die entsprechenden Markierungen (**Bild 94**, kurze grüne Linien) beidseits des Hosenbruchs sowie nach Bedarf beidseits der Knielinie auf den gestrichelten Linien eingezeichnet haben, zeichnen Sie nun die neue Umrisslinie des Schnittteils, indem Sie die Markierungen durch gerade oder leicht geschwungene Linien verbinden (**Bild 96**, grüne Linien).

Anwendung des Längenausgleichs bei querelastischem Stoff

Eine Verlängerung wird nur bei eng anliegender Bekleidung wie Leggings oder Slim-Fit-Hosen vorgenommen, wenn durch die Dehnung in der Breite eine Verkürzung in der Länge entsteht (siehe S. 102, **Bild 93**). Bei Modellen mit mehr oder weniger legerer Passform, z. B. einem T-Shirt oder einer Tunika aus Jersey, ist dies hingegen nicht nötig.

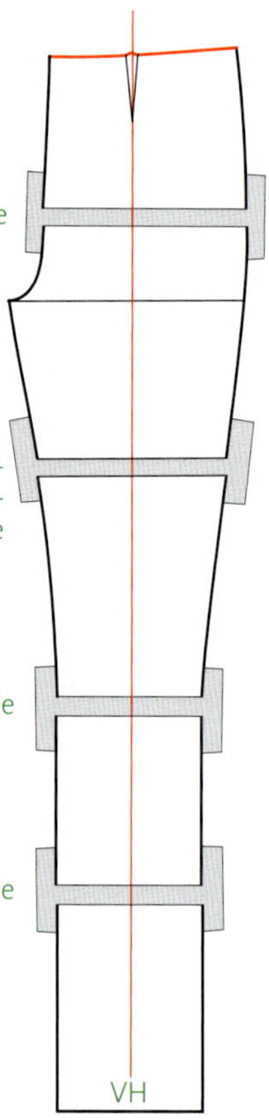

Bild 97

Für den Längenausgleich auf dem gemäß der berechneten Querelastizität (S. 102, **Bild 92**) angepassten Grundschnitt an mehreren strategischen Punkten waagrechte Linien einzeichnen, sodass die Verlängerung sich auf alle Partien des Beines verteilt.

Die erste Verlängerung muss zwischen der Taillenlinie und der Hüftlinie angebracht werden, damit die Taille bei gedehntem Stoff in ihrer ursprünglichen Position bleibt (**Bild 97**).

Dazu das Schnittteil an der Hüftlinie durchschneiden und ein Stück Papier (**Bild 97**, in Grau) an die Unterkante der oberen Partie kleben. Die untere Partie des Schnittteils in dem Abstand anlegen, der bei dem Test am Stoffmuster ermittelt wurde. Im Beispiel von S. 102 (**Bild 93**) würde dieser Abstand 3 cm betragen. Diese Technik, ein Maß zu verwenden, das bei einem Test an einem Stoffmuster ermittelt wurde, ist ganz einfach.

Die zweite Stelle für die Verlängerung liegt etwa auf halber Höhe zwischen Hüft- und Knielinie, damit die Knielinie bei gedehntem Stoff nicht hochrutscht. An jeder Einschnittlinie nach dem oben beschriebenen Prinzip vorgehen und ein Stück Papier einfügen (**Bild 97**, in Grau). Dabei unbedingt beachten, dass der Hosenbruch weiterhin durchgehend senkrecht verläuft (**Bild 97**, rote Linie).

An der Knielinie muss unbedingt eine Verlängerung erfolgen, da dieser Bereich stark beansprucht wird und ständig unter Spannung steht. Bei bestimmten Materialien oder Hosentypen (Skihosen, Taucheranzug, Eislaufbekleidung) muss hier das Maß des Abstands verdoppelt werden, um den Tragekomfort zu erhöhen.

An der unteren Hosenpartie wird ebenfalls eine Verlängerung benötigt, und zwar nach Wahl entweder an der Saumlinie oder auf halber Höhe zwischen Knie- und Saumlinie wie abgebildet (**Bild 97**).

Für die neue Umrisslinie die einzelnen Partien durch gleichmäßige durchgehende Linien ohne Spitzen oder Ecken verbinden.

MODELL 9

Angestrebte Kompetenzen

Konstruktion einer Hose ohne Seitennaht.

Beschreibung des Modells

Es handelt sich hier um ein mehr oder weniger eng anliegendes Modell aus elastischem Stoff. Die Länge ist variabel: Die Hose kann knöchellang sein (Leggings, lange Unterhose), an der Wade oder knapp unterhalb des Knies enden (Caprihose) oder bis zum Oberschenkel reichen (Radlerhose).
Dieser Hosentyp wird in der Regel ohne Seitennaht angefertigt. Dies hat zwei Gründe: Der Tragekomfort wird erhöht, da die gleichmäßige Dehnung der Hose rings um das Bein nicht durch die Naht behindert wird, und die Schnittkonstruktion wird vereinfacht. In der Massenproduktion wird allerdings auch hier eine Seitennaht angebracht, um Stoff zu sparen.

Die Schritte der Schnittabwandlung

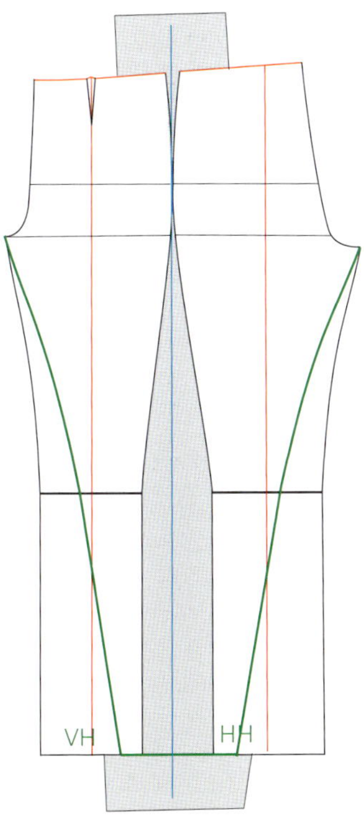

Bild 98

1. Abänderung des Hosengrundschnitts

Für die Abänderung des Grundschnitts muss zuerst die Saumweite der Hose festgelegt werden. Wenn am Saum kein Schlitz angebracht wird, damit der Fuß hindurchpasst, muss die Saumweite nach dem Ristumfang bestimmt werden (siehe S. 23, **Bild 21**).
Das vordere und rückwärtige Schnittteil des Grundschnitts auf einem Bogen Papier (**Bild 98**, in Grau) an den Seitenlinien so aneinanderlegen, dass die waagrechten Linien (Hüft-, Schritt- und Knielinie) auf einer Höhe sind. Alles mit Klebeband in dieser Position fixieren, dann eine lange Senkrechte zeichnen, die genau über den Verbindungspunkt der vorderen und hinteren Seitenlinie verläuft (**Bild 98**, blaue Linie).
Diese Senkrechte dient als Referenzlinie für die Verwendung der verschiedenen Maße.
Das erste Maß ist das des Fußumfangs an der Unterkante des Hosenschnitts. Um die Proportionen zu wahren, muss dafür der Ristumfang (S. 23) durch 2 geteilt, anschließend an der Vorderhose 1 cm entfernt und an der Hinterhose 1 cm angefügt werden (zur Konstruktion siehe S. 38, **Bild 14**).
Beispiel: Bei einem Ristumfang von 32 cm ergibt dies: 32 ÷ 2 = 16 – 1 = 15. Man erhält 15 cm für die Vorderhose.
16 + 1 = 17. Man erhält 17 cm für die Hinterhose.

Nehmen Sie die Berechnungen mit Ihren eigenen Maßen vor, dann tragen Sie die erhaltenen Maße der Vorderhose links der senkrechten Mittellinie (**Bild 98**, in Blau) ab, die der Hinterhose rechts der Mittellinie und setzen Sie Markierungen.

Die Innenbeinnähte mit Pauspapier kopieren, um ihre Form festzuhalten. Dann die vordere Innenbeinnaht mit der Schrittspitze als Drehpunkt bis zur zuvor angebrachten Markierung der Saumweite drehen. An der hinteren Innenbeinnaht ebenso verfahren (**Bild 98**, grüne Linien).

Dieser Schnitt einer Hose ohne Seitennaht kann je nach gewünschter Passform ohne Berücksichtigung der Elastizität verwendet werden. So erhält man ein figurnahes, aber nicht hautenges Modell (z. B. eine lange Unterhose). Für Leggings muss hingegen die Dehnungsrichtung unbedingt berücksichtigt werden, sowohl bei bielastischem als auch bei monoelastischem Stoff (siehe S. 102).

2. Berücksichtigung der Elastizität

Den abgeänderten Grundschnitt in mehrere Segmente unterteilen: Waagrechte Linien einzeichnen, auf denen der Prozentsatz der Querelastizität angewendet wird, und senkrechte Linien, auf denen der Prozentsatz der Längselastizität angewendet wird.

Dazu nach der Anleitung auf S. 103 (**Bild 94** und **95**) vorgehen.

Die aufgrund der Berechnung der Elastizität erhaltenen Maße (**Bild 99**, schwarze Pfeile) werden ausgehend von der zuvor eingezeichneten Referenzlinie (S. 105, **Bild 98**, in Blau) abgetragen.

Die eventuelle Verlängerung der Hose ist abhängig vom Modell der Hose (mehr oder weniger eng anliegend) und vom verwendeten Stoff (siehe S. 102).

Wenn nötig, die entsprechenden waagrechten Linien einzeichnen wie auf **Bild 100** gezeigt; anschließend nach der Anleitung auf S. 104 (**Bild 97**) vorgehen.

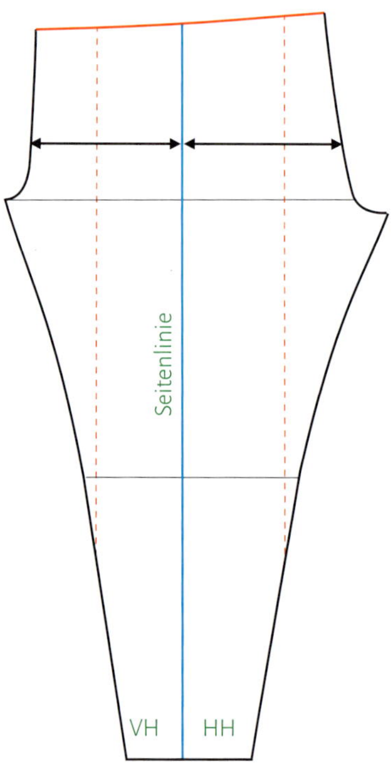

Bild 99

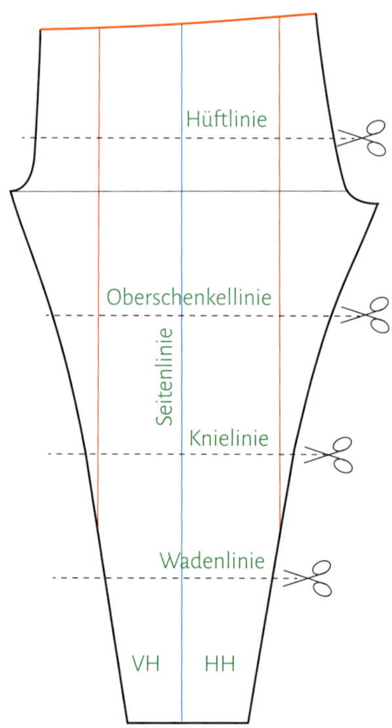

Bild 100

3. Abschluss der oberen Hosenpartie

Hosen aus elastischem Stoff schließen in der Taille meist mit einem Tunnelbund ab, in den man ein Gummi einziehen kann. Dieser Bund kann angesetzt werden, doch damit er nicht durch eine zusätzliche Naht aufträgt, kann er auch an der Taille angeschnitten und nach innen umgeschlagen werden (**Bild 101**, in Grau).

Damit die Kante des Bundes (**Bild 101**, in Grün) nach dem Umschlagen mit der Breite der Hose übereinstimmt (**Bild 101**, grün gestrichelte Linie), müssen die Seitenlinien des Bundes in der Neigung der Schrittnähte gespiegelt werden. Dazu den Schnitt an der Taille falten und die Kanten des Bundes genau entlang der vorderen und hinteren Schrittnaht aufzeichnen.

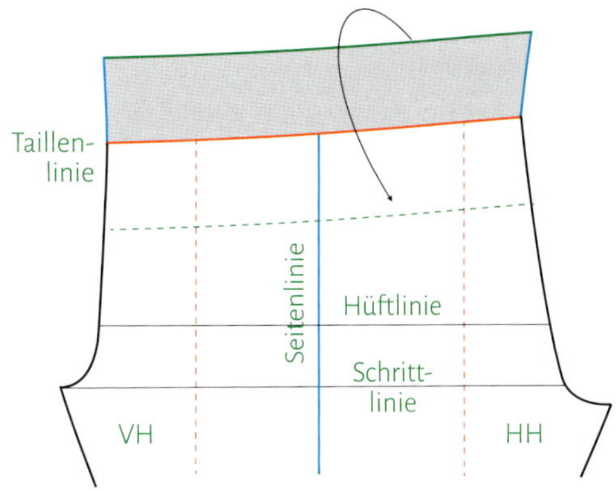

Bild 101

MODELL 10

Angestrebte Kompetenzen

Angleichen der Taillenlinien einer Hose und eines Oberteils.

Beschreibung des Modells

Die gerade geschnittene Hose ist durch einen Gummibund mit dem Oberteil verbunden; dadurch entstehen in der gerafften Taille Kräuselfalten.
Für die Anfertigung dieses Jumpsuits werden unbedingt zumindest Grundkenntnisse im Bereich der Schnittkonstruktion von Oberteilen benötigt. Die Entwicklung des Modellschnitts für diese Kombination – ob mit oder ohne Träger – umfasst die Etappen der Abwandlung des Hosengrundschnitts, aber auch des Oberteilgrundschnitts.

Tipp

Ausführliche Informationen zur Konstruktion des Oberteilschnitts finden Sie in Teresa Gilewska, *Schnittkonstruktion in der Mode – Maßschnitte* (Stiebner Verlag), S. 31 ff.

Technische Zeichnung

Die notwendigen Angaben für die Abwandlung der Grundschnitte (Hose und Oberteil) betreffen die Saumweite der Hose sowie Höhe und Breite des Ausschnitts am Oberteil mit Trägern.
Eine technische Zeichnung ist für dieses Modell nicht unbedingt erforderlich, da die meisten Informationen von den Regeln der Schnittkonstruktion bestimmt werden.

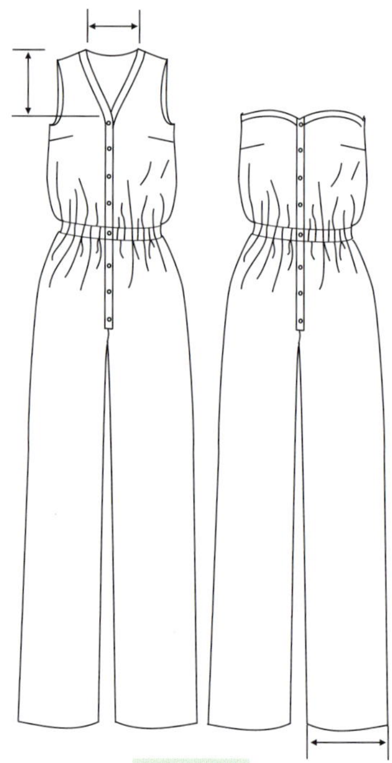

Bild 102

Die Schritte der Schnittabwandlung

1. Schnittmuster

Dieser Jumpsuit wird in der Taille durch einen Gummizug gerafft. Daher muss für die Schnittkonstruktion der Hosengrundschnitt ohne Taillenabnäher und ohne Anpassung der Form der Taillenlinie verwendet werden.

Am Oberteilschnitt müssen hingegen der Brustabnäher am Vorderteil und der Schulterabnäher am Rückenteil angebracht werden, da am Jumpsuit mit komplettem Oberteil eine Anpassung des Armausschnitts erforderlich ist und am trägerlosen Modell die Weite oberhalb der Brust angepasst werden muss. In beiden Fällen erfolgt die Anpassung durch Zulegen des Brust- und Schulterabnähers (**Bild 103**). Am Oberteilschnitt verläuft die Taillenlinie waagrecht, am Hosenschnitt hingegen nicht: An der hinteren Mitte der Hose ist die Taillenlinie aufgrund der Körperform und der Bewegungen des Körpers um ca. 2 cm erhöht. Um dies zu berücksichtigen, muss die Länge des Oberteils an die Form der Taillenlinie der Hose angepasst werden.

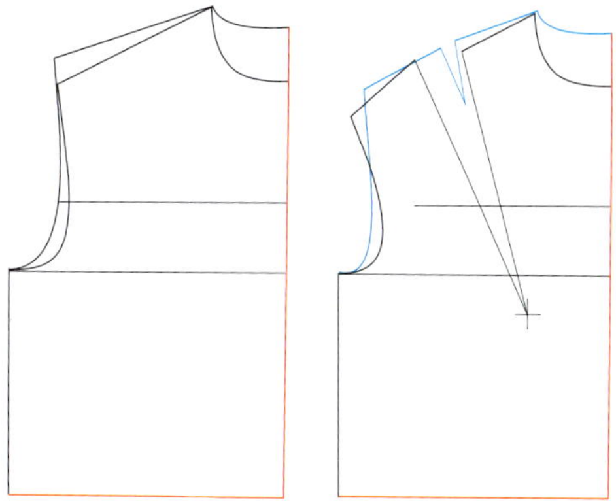

Bild 103

Damit Vorder- und Rückenteil des Oberteils gleich lang sind, werden die beiden Längenmaße addiert und durch 2 geteilt.

Beispiel: Bei einer rückwärtigen Länge von 40 cm und einer vorderen Länge von 44 cm ergibt dies 40 + 44 ÷ 2 = 42. Die Länge des Oberteils beträgt 42 cm.

Zeichnen Sie den Oberteilschnitt mit gleich langem Vorder- und Rückenteil gemäß Ihren eigenen Maßen. Konstruieren Sie anschließend den Brustabnäher am Vorderteil (**Bild 103**, in Schwarz) und den Schulterabnäher am Rückenteil (**Bild 103**, in Blau).

Tipp

Grundlegendes zur Konstruktion von Abnähern an Oberteilen finden Sie in Teresa Gilewska, *Schnittkonstruktion in der Mode – Grundschnitte* (Stiebner Verlag), S. 21 ff.

2. Anpassen des Oberteils an die Hose

Das Vorderhosenschnittteil des Grundschnitts auf einen großen Bogen Papier legen (**Bild 104**, in Grau). Das Hinterhosenschnittteil so danebenlegen, dass sich die waagrechten Linien genau auf einer Höhe befinden. Zwischen den beiden Schnittteilen etwa 10 cm Platz lassen. Die Schnittteile mit Klebeband oder Klebstoff in dieser Position fixieren (**Bild 104**).

Bei der Konstruktion von Jumpsuits (egal welche Variante) müssen die Neigung der hinteren Taillenlinie und die Länge der Schrittnaht an der hinteren Mitte unbedingt beibehalten werden, da diese Elemente die nötige Bewegungsfreiheit garantieren.

Oberhalb der vorderen und hinteren Taillenlinie der Hose im Abstand der Bundbreite eine Parallele einzeichnen (**Bild 104**, rot gestrichelte Linien). Die Standardbreite eines in der Taille sitzenden Bundes beträgt 4 cm. Ein breiterer oder schmalerer Bund könnte den Tragekomfort beeinträchtigen.

Die an der Taille zugegebene Bundbreite dient auch dazu, den Längenverlust durch das Anbringen der Raffung (Gummizug) auszugleichen: Aufgrund der Raffung muss die Taillenhöhe angepasst werden, damit sie auf der gewünschten Höhe bleibt. Ohne diese Maßnahme würde bei den Bewegungen des Körpers die Taillenlinie von der Schrittnaht nach unten gezogen.

Um zu ermitteln, ob die angefügte Bundbreite in Anbetracht der Dichte der gerafften Falten und der Qualität des verwendeten Stoffes ausreichend ist, führen Sie anhand eines Stoffmusters einen Test durch, wie auf S. 86 (**Bild 68**) beschrieben.

Nun die Schnittteile des Oberteils auflegen – zuerst das Rückenteil.

Das untere Ende der hinteren Mitte des Oberteils bündig so an das Ende des Bundes legen, dass die hintere Mitte des Oberteils und der Hinterhosenbruch parallel verlaufen. Dann das vordere Schnittteil des Oberteils so auflegen, dass die waagrechten Linien von Vorder- und Rückenteil (Oberbrust-, Armausschnitt- und Taillenlinie) auf einer Höhe liegen (**Bild 104**).

3. Korrektur der Umrisslinien

Um die Schnittteile von Oberteil und Hose zu verbinden, muss der Verlauf der vorderen und hinteren Seitenlinien bestimmt werden. Dazu das Ende des Armausschnitts am Oberteil und die Bundbreite (**Bild 104**, rot gestrichelte Linie) durch eine Gerade verbinden. Von dort eine leicht geschwungene Linie zum Ende der Taillenlinie der Hose ziehen (**Bild 104**, grüne Linie). Die Saumweite der Hose kann nach persönlichem Geschmack erweitert werden (**Bild 104**, grüne Linien). Dabei ist jedoch zu beachten, dass die ursprünglichen Proportionen der Breite von Vorder- und Hinterhose erhalten bleiben (siehe S. 38, **Bild 14**).

4. Weitenzugaben

Die Mehrweite des auf S. 108 vorgestellten Jumpsuits entsteht ausschließlich durch eine Zugabe an der Seitenlinie bis zur Höhe der Knielinie, damit die ursprüngliche Saumweite der Hose bewahrt wird (siehe S. 41, **Bild 18**).

Das exakte Maß der Zugabe am Brustumfang sowie an der Taillen- und Hüftlinie hängt von verschiedenen Kriterien ab. Die Mehrweite an der Brust wird je nach Modell festgelegt (schulterfrei oder nicht).

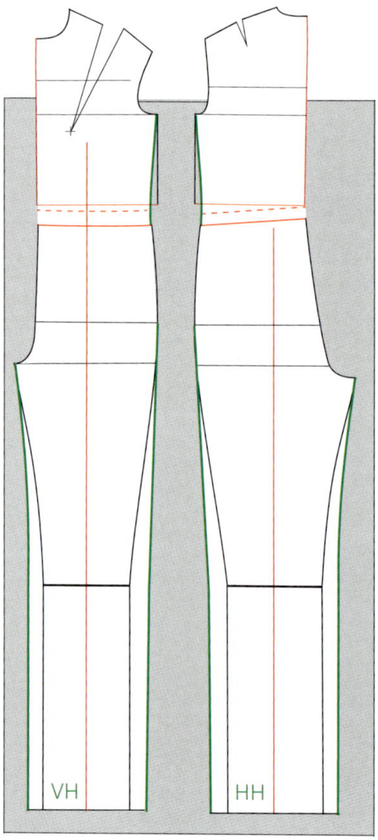

Bild 104

Tipp

Weitere Details zur Konstruktion der vorderen Abnäher finden Sie in Teresa Gilewska *Drapieren an der Schneiderpuppe* (Stiebner Verlag), S. 53 ff.

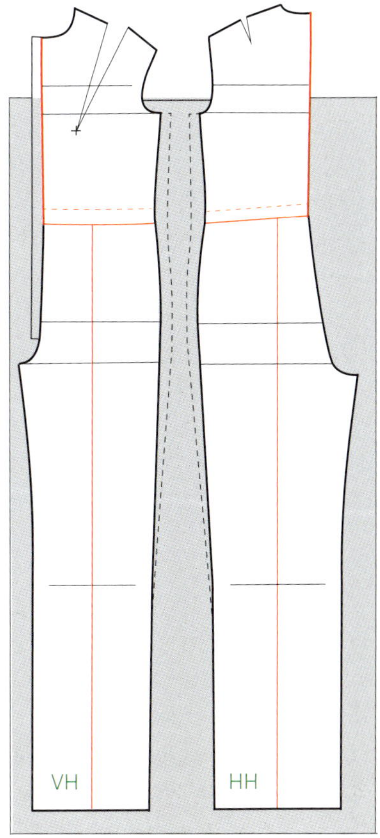

Bild 105

Die Weitenzugaben an diesem Modelltyp sind abhängig von der Stoffqualität (mehr oder weniger dicker Stoff) und den persönlichen Vorlieben. Zu empfehlen ist mindestens eine Standardzugabe von etwa 4 cm. Die an der Taille zugegebene Weite spielt keine Rolle, da sie durch den Gummizug gerafft wird. Wichtig ist, dass die Linie der Weitenzugabe auf der gesamten Länge durchgehend und gleichmäßig verläuft (**Bild 105**, schwarz gestrichelte Linie).

An der vorderen Mitte wird ein etwa 2 cm breiter angeschnittener Schlitzbeleg angezeichnet. Dies ist ein Standardwert; die tatsächliche Breite richtet sich nach dem Durchmesser der verwendeten Knöpfe. Der Beleg muss vor den weiteren Schritten der Schnittabwandlung am Oberteil angefügt werden.

5. Abänderung des Oberteilschnitts

Im letzten Schritt der Konstruktion des Jumpsuits wird die obere Partie abgeändert, und zwar gemäß den Regeln der Schnittabwandlung eines Oberteils.

Gut zu wissen

Für die Abänderung zum trägerlosen Modell orientieren Sie sich an den blauen Linien im nebenstehenden Bild 106.

Für die Abänderung zum Modell mit komplettem Oberteil orientieren Sie sich an den braunen Linien in Bild 106. Mehr über das Positionieren und Zulegen von Abnähern finden Sie in Teresa Gilewska *Drapieren an der Schneiderpuppe* (Stiebner Verlag), S. 53 ff., sowie in Teresa Gilewska *Schnittkonstruktion in der Mode – Maßschnitte* (Stiebner Verlag), S. 45 ff.

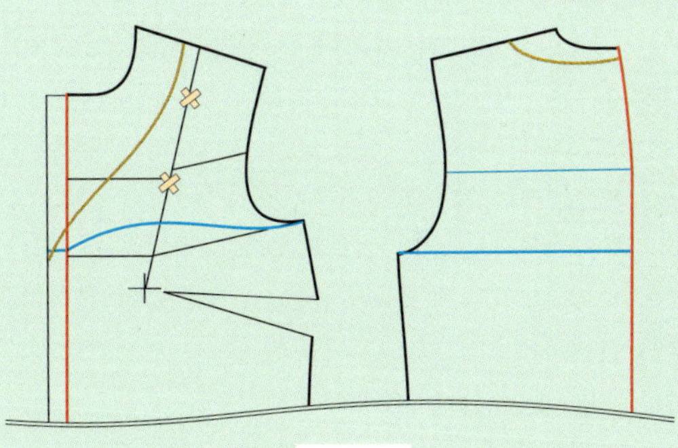
Bild 106

6. Konstruktion des Taillenbunds

Es gibt zwei gängige Methoden, um das Taillengummi im dafür bei der Konstruktion des Jumpsuits vorgesehenen Bereich anzubringen. Bei der ersten Methode wird einfach mit der Nähmaschine und elastischem Nähgarn eine Naht entlang der gesamten Taillenweite angebracht. Der Nachteil daran ist die möglicherweise geringere Haltbarkeit: Mit der Zeit kann es passieren, dass der Gummifaden stellenweise reißt und dadurch sichtbare Schäden entstehen.

Die zweite Methode ist etwas aufwendiger, dafür ist das Ergebnis haltbarer und bequemer, da das Gummi auch auf der Innenseite des Modells von Stoff bedeckt ist. Dazu wird ein Stoffstreifen aufgenäht, in den ein Gummiband von passender Länge eingezogen wird.

Der Stoffstreifen muss im Schrägschnitt zugeschnitten werden, damit er sich der Taillenpartie des Jumpsuits gut anpasst (**Bild 107**).

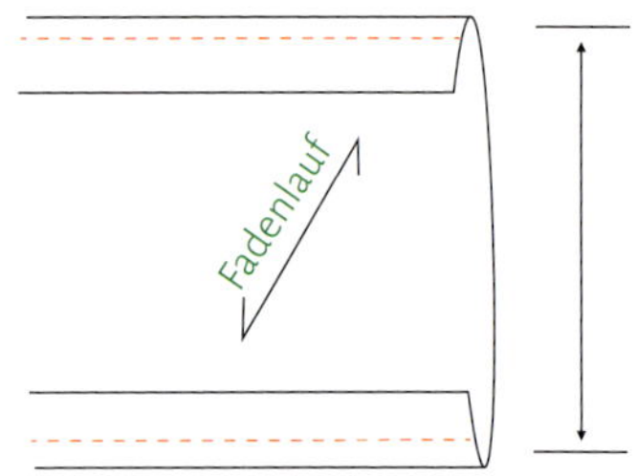

Bild 107

Tipp

Ausführliche Erläuterungen zu den verschiedenen Arten, einen Gummizug zu nähen, finden Sie in Teresa Gilewska, *Schnittkonstruktion in der Mode – Zusammennähen und letzter Schliff* (Stiebner Verlag).

MODELL 11

Angestrebte Kompetenzen

Taillenabnäher einer Hose und eines Oberteils aufeinander abstimmen.

Beschreibung des Modells

Am vorigen Modell (S. 108) dient der Hosenschnitt als Grundlage, an die das Oberteil angepasst wird. Bei dieser Variante eines taillierten Jumpsuits ist es umgekehrt: Die Hose wird an das Oberteil angepasst, das für die Konstruktion eine entscheidende Rolle spielt.

Die Schnittkonstruktion für diesen Jumpsuit kann auf zwei Arten erfolgen:

- durch die Konstruktion der Hose auf der Grundlage des abgeänderten Oberteils. Achtung: Für diese Methode sind Vorkenntnisse und Erfahrung in der Schnittkonstruktion erforderlich.
- durch Angleichen der Taillenlinien der separat gezeichneten Schnittteile von Oberteil und Hose. Dies ist die gängigere Methode. Sie wird in der Schnittentwicklung häufig angewendet, da sie einfach umzusetzen ist. Daher eignet sie sich auch besser für alle, für die das Gebiet der Schnittkonstruktion Neuland ist.

Technische Zeichnung

Die Abwandlung des Grundschnitts sowie die anschließende Angleichung von Oberteil und Hose zur Entwicklung des fertigen Schnittmusters des gezeigten Jumpsuits sind nicht sehr kompliziert. Dennoch sind bei der Planung einige wesentliche Dinge zu berücksichtigen.

Die Anfertigung einer technischen Zeichnung hilft, die Schritte der Schnittkonstruktion zu ordnen und die Arbeit zu erleichtern. Die für die Konstruktion benötigten Elemente müssen exakt eingezeichnet werden (**Bild 108**).

Zuerst den Oberteilgrundschnitt mit dem Brustabnäher, dem hinteren Schulterabnäher und den Taillenabnähern vorbereiten. Den Hosengrundschnitt ebenfalls vorbereiten, jedoch ohne Taillenabnäher. Diese werden später eingezeichnet, und zwar direkt angeglichen an die Abnäher des Oberteils.

Tipp

Weitere Informationen zu Konstruktion und Abwandlung des Oberteilgrundschnitts finden Sie in Teresa Gilewska, *Schnittkonstruktion in der Mode – Maßschnitte* (Stiebner Verlag).

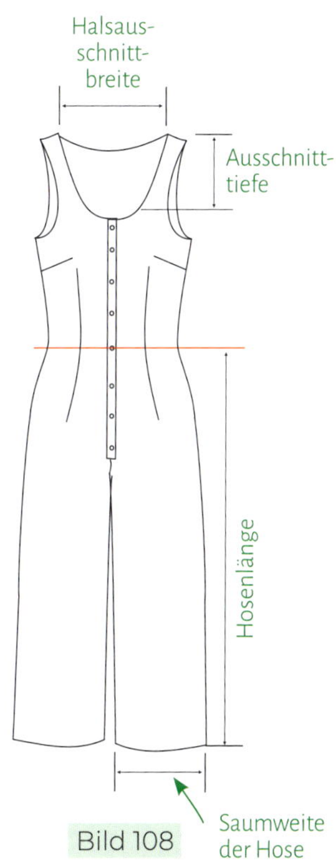

Bild 108

Die Schritte der Schnittabwandlung

1. Abänderung des Oberteilgrundschnitts

Zuerst die Länge des Vorder- und Rückenteils angleichen (siehe S. 109, **Bild 103**). An Brust- und Taillenumfang sowie in der Höhe die Weitenzugaben anfügen (**Bild 109**, in Grün).

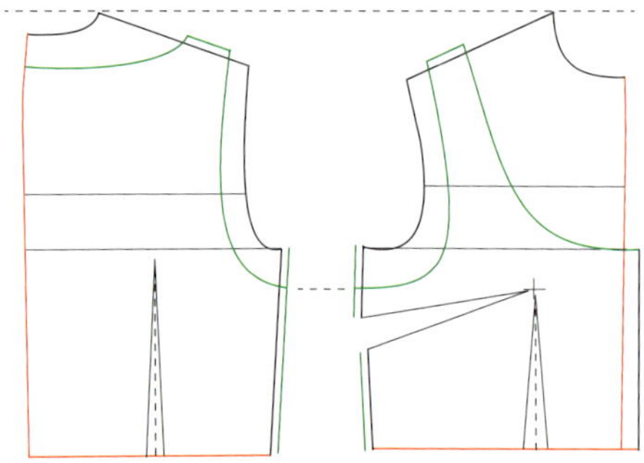

Bild 109

Den Brustabnäher vom Brustpunkt aus bis zu seiner neuen Position an der Seitennaht drehen (**Bild 109**).

An der vorderen Mitte für die Knopfleiste einen angeschnittenen Schlitzbeleg mit einer Standardbreite von etwa 2 cm anzeichnen.

Es ist nicht notwendig, die Taillenlinie mit geschlossenen Abnähern neu zu zeichnen, da sie im weiteren Verlauf der Konstruktion angepasst wird. Der hintere Schulterabnäher wird in die Einschnittlinie an der hinteren Mitte verlegt.

2. Angleichen der Hose an das Oberteil

Das Schnittteil der Vorderhose auf einen großen Bogen Papier legen (**Bild 110**, in Grau).

Das Schnittteil der Hinterhose mit etwa 10 cm Abstand so auflegen, dass die waagrechten Konstruktionslinien beider Teile auf einer Höhe liegen. Die Schnittteile mit Klebeband oder Klebstoff in dieser Position fixieren.

2 cm oberhalb des oberen Endes der hinteren Schrittnaht eine waagrechte Linie einzeichnen (**Bild 110**, blaue Linie).

Durch den Abstand von 2 cm wird der Tragekomfort in der Bewegung gewährleistet. Bei einer korrekt an die Figur angepassten Hose ist dieser Abstand ausreichend. Sollte bei der Anprobe des Jumpsuits die hintere Mitte Zug ausüben, vergrößern Sie nicht diesen Abstand, sondern geben Sie an der Breite der Schrittspitze 2 bis 3 cm zu, um mehr Bewegungsfreiheit zu erhalten (siehe S. 36, **Bild 12**).

Nun Vorder- und Rückenteil des abgeänderten Oberteilschnitts an die zuvor eingezeichnete waagrechte Linie (**Bild 110**, blaue Linie) anlegen, und zwar so, dass die vordere und hintere Mitte in einer Linie mit den Linien der Schrittnaht der Hose liegen.

Die Abnäherinhalte der Taillenabnäher am Oberteil auf die Hosenschnittteile übertragen und die Abnäherlängen einzeichnen: 9 cm an der Vorderhose, 11 cm an der Hinterhose.

Die an der Seitenlinie des Oberteils angezeichneten Weitenzugaben bis zur Knielinie verlängern (**Bild 110**, grüne Linie).

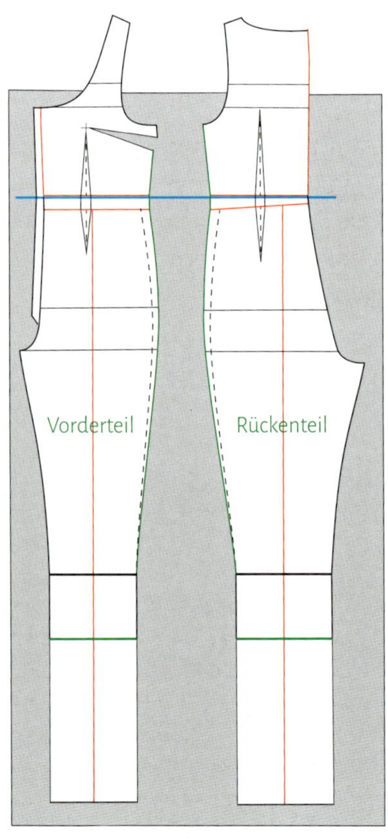

Bild 110

Die zuvor angezeichnete Breite des Schlitzbelegs an der vorderen Mitte des Oberteils bis zur Hüftlinie der Hose verlängern. Die Schlitzlänge sollte etwa 2 cm über die Hüftlinie hinausgehen, damit der Jumpsuit bequem angezogen werden kann. Diese Bequemlichkeitszugabe hängt allerdings von den Weitenzugaben am Hüftumfang ab. Wird hier das Standardmaß von 4 cm zugegeben, genügt es, wenn die Schlitzöffnung an der Hüftlinie endet. Ist die Weitenzugabe an der Hüfte größer, kann die Schlitzöffnung proportional dazu verkürzt werden. Anschließend die gewünschte Hosenlänge festlegen (**Bild 110**, grüne Linien).

Dann die gewünschte Saumweite der Hose bestimmen; der Standardwert dafür liegt zwischen 38 und 40 cm. Um dieses Maß zu erweitern oder zu reduzieren, gehen Sie nach der Anleitung auf S. 38 (**Bild 14**) vor.

3. Fertiges Schnittmuster

Der letzte Schritt der Schnittkonstruktion für den Jumpsuit besteht darin, die Taillenlinie und die Form der Taillenabnäher anzupassen.

Dazu ab dem oberen Ende der hinteren Schrittnaht eine waagrechte Linie einzeichnen: Dies ist die neue Taillenlinie des Jumpsuits (**Bild 111**, in Rot). Die Abnäher entsprechend neu zeichnen; dabei die Abnäherinhalte und die Abflachung der Abnäher auf der Taillenlinie beachten.

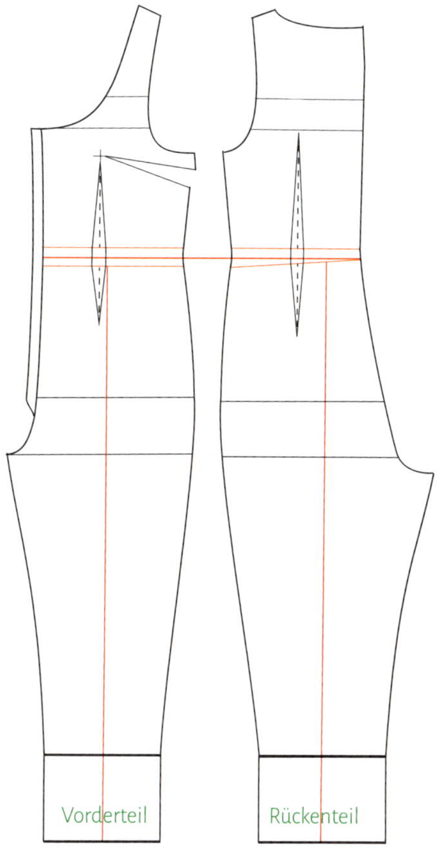

Bild 111

Profitipp

Die Abflachung des Taillenabnähers, d. h. die begradigte Partie der Nähte am Übergang der Abnäherschenkel, ist ein kurzer Abstand beidseits der Taillenlinie (**Bild 112**, rot gestrichelte Linien). Diese Linien werden auf Schnittmustern selten eingezeichnet. Dennoch müssen sie beim Zusammennähen der Taillenabnäher berücksichtigt werden. Werden die Abnäher genäht, ohne dass die Nahtlinie auf der entsprechenden Länge begradigt wird (**Bild 112** rechts, in Grün), entsteht an der Taillenlinie eine Ecke.

Daher muss die Abflachung an der Taillenlinie berücksichtigt werden, sodass eine gleichmäßige, glatte Naht entsteht (**Bild 112** links, Abnäher in Schwarz).

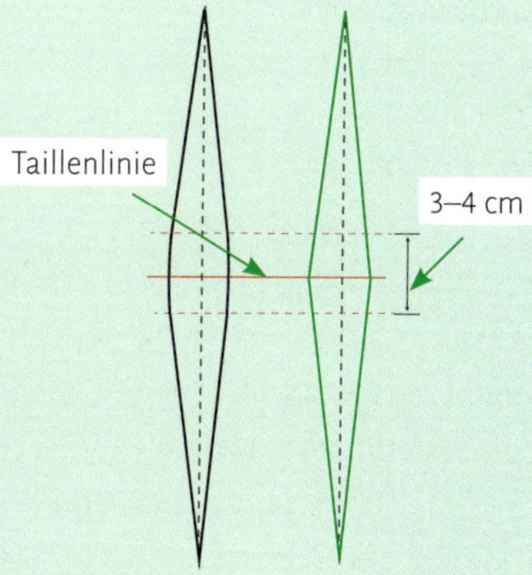

Bild 112

MODELL 12

Angestrebte Kompetenzen

Die Bedeutung der Innenbeinnaht an einer kurzen Hose verstehen.

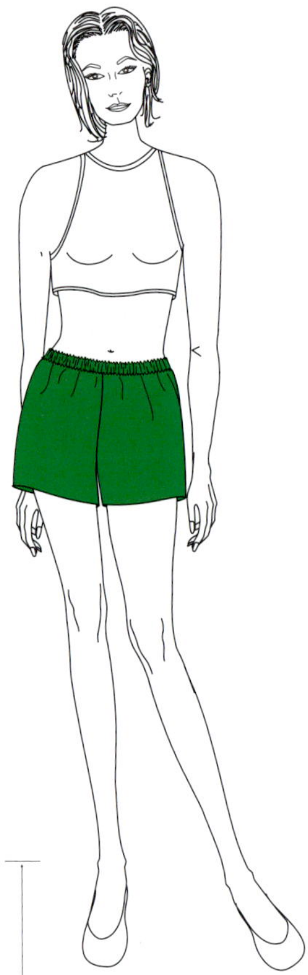

Beschreibung des Modells

Bei diesem Modell handelt es sich um Shorts mit Gummibund an der Taille. Diese Art einer kurzen Hose kann aus jedem Stoff angefertigt werden: weit geschnitten aus leichtem Stoff oder auch eng anliegend aus Jeansstoff mit Elasthananteil. Es handelt sich hier um ein sehr bequemes Modell, das sich für alle Figurtypen eignet.
Auf den ersten Blick scheint die Schnittkonstruktion einfach zu sein. Damit die Hose bequem und korrekt sitzt, müssen jedoch einige Konstruktionsregeln beachtet werden.

Technische Zeichnung

Die Angaben, die auf der technischen Zeichnung zu machen sind, betreffen die Beinweite und die Gesamtlänge der Hose. An diesem Modell wird die Taille auf die Höhe der oberen Hüftlinie vertieft, daher ist es sinnvoll, auch das Maß der Vertiefung anzugeben.
Für die genauen Maße, die für die technische Zeichnung (**Bild 113**) verwendet werden, gibt es keine Vorschriften – sie werden allein nach persönlichen Vorlieben bestimmt.

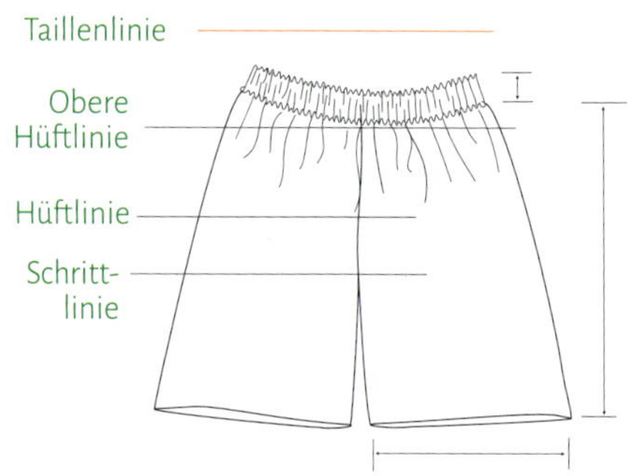

Bild 113

Die Schritte der Schnittabwandlung

1. Abänderung des Hosengrundschnitts

Zuerst die Höhe der Hose bestimmen. Bei einer vertieften Taille befindet sich diese in der Regel in Höhe der oberen Hüftlinie (siehe S. 17, **Bild 11**). Bei diesem Modell von Shorts muss allerdings noch die Bundbreite berücksichtigt werden. Lesen Sie dazu auf S. 99 (**Bild 89**) nach, wie der Bund platziert und seine Breite festgelegt wird (**Bild 114**).
Die Länge dieses Hosentyps ist vollkommen dem persönlichen Geschmack überlassen. Die Shorts können kurz sein, d. h. wenige Zentimeter unterhalb der Schrittlinie enden, sie kann jedoch auch bis zum Oberschenkel oder bis zum Knie reichen. Legen Sie die Länge ganz nach Wunsch fest (**Bild 114**, blaue Linie).

Bild 115

Die Weite dieser Shorts wird durch die senkrechten Linien bestimmt – die Innenbeinnaht und die Seitennaht. Es muss aber auch überprüft werden, ob diese Weite dem gemessenen Oberschenkelumfang entspricht (siehe S. 40, **Bild 16**).

An einer kurzen Hose muss die Innenbeinnaht unbedingt im Fadenlauf konstruiert werden, da sie so stabiler wird und sich bei den Bewegungen des Körpers nicht verformt, wie es bei einer schräg verlaufenden Kante der Fall wäre.

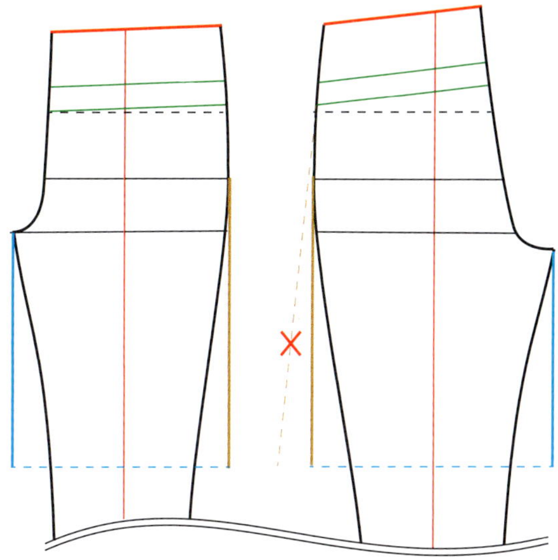

Bild 114

Die Seitenlinie hingegen kann etwas nach außen geneigt (ausgestellt) verlaufen; die Erweiterung nach außen darf jedoch nicht mehr als 4 cm betragen.

Wird die Hose um mehr als 4 cm ausgestellt (**Bild 114**, braun gestrichelte Linie), stimmen die Proportionen nicht: Die seitliche Partie wirkt zu voluminös gegenüber der flachen Mitte (**Bild 115**). Damit die Shorts gut fallen, wird auch an der Seitenlinie am besten der senkrechte Verlauf beibehalten.

2. Weitenzugaben

Die Abänderungen am Hosengrundschnitt enthalten keine Weitenzugaben. Das Maß der auf die Höhe der oberen Hüftlinie vertieften Taille muss nicht erweitert werden, für den Hüftumfang gilt hingegen eine Weitenzugabe von mindestens 4 cm als Standardmaß (siehe S. 41).

Die Weitenzugabe am Saum der Shorts ist hingegen reine Geschmackssache. Fügen Sie daher an der Hüfte die gewünschte Zugabe an und ziehen Sie für die Seitenlinie eine gerade Linie bis zur gewünschten Saumweite (**Bild 116**, schwarz gestrichelte Linien).

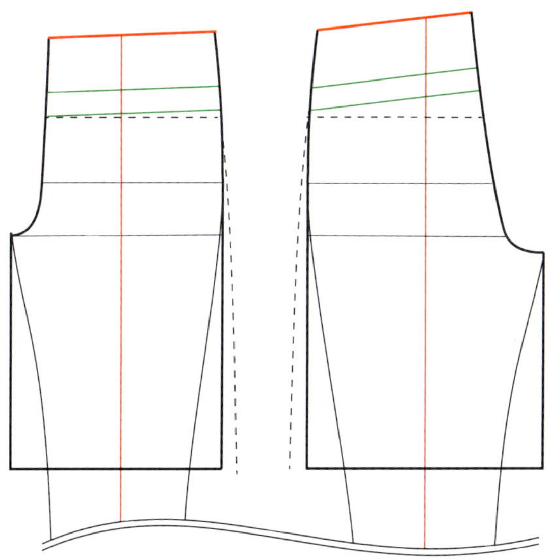

Bild 116

Saumweite der Hose

Unabhängig von der Hosenlänge (Oberschenkel, Knie, Wade oder länger) gibt es für die Saumerweiterung nur eine Methode, bei der die Weite gleichmäßig rings um das Bein verteilt wird: die Technik des Ausstellens an Einschnittlinien. Mit dieser einfachen und zuverlässigen Methode kann der Hosenschnitt an der gewünschten Partie ausgestellt werden, ohne die ursprüngliche Länge oder den Taillenumfang zu verändern.

Dazu am Hosenschnitt mit bereits abgeänderter Taillenhöhe (vertiefte Taille) Einschnittlinien einzeichnen. Die Anzahl der Einschnitte richtet sich danach, wie weit die Hose ausgestellt werden soll. Für eine am Saum leicht ausgestellte Hose genügen 2 bis 3 Einschnitte (**Bild 118**). Für ein weiter ausgestelltes Modell müssen mehrere Linien in gleichmäßigem Abstand angebracht werden, um die vertiefte Taillenlinie nicht zu deformieren. Zur Erinnerung: Die Einschnittlinien enden oben nie an der Schrittnaht, weder an der Vorder- noch an der Hinterhose (siehe S. 49).

Die Linie der Oberkante der Hose in gleich große Abschnitte unterteilen. Markierungen anbringen. Von diesen Markierungen senkrechte Linien zum Saum zeichnen. Den Schnitt an diesen Linien einschneiden (**Bild 117**). Die Teile nummerieren, damit der Schnitt später wieder korrekt zusammengesetzt werden kann.

Auf einen Bogen Papier zunächst den Abschnitt auflegen, der den Hosenausschnitt (Schrittnaht) enthält (**Bild 117**, 1) und mit Klebeband befestigen. Den zweiten Abschnitt so auflegen, dass die oberen Kanten genau aneinanderstoßen (**Bild 118**, in Grün) und unten die gewünschte Ausstellweite entsteht. Den dritten Abschnitt ebenso und mit der gleichen Ausstellweite am Saum auflegen.

Die Oberkante und die Saumlinie des Schnittes nachzeichnen, um die bei der Abwandlung entstandenen Ecken zu begradigen. An der Hinterhose ebenso vorgehen.

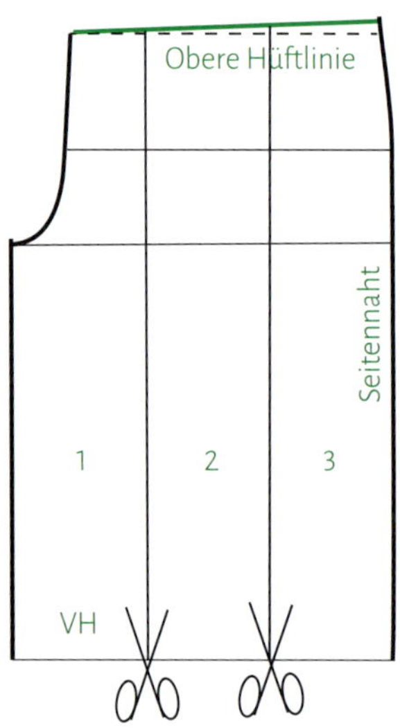

Bild 117

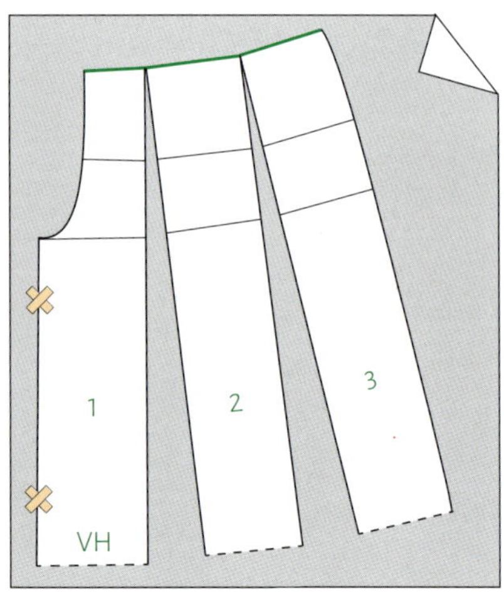

Bild 118

HOSENFUTTER

Hosen können mit einem Futter versehen werden, doch wie bei allen anderen Kleidungsstücken auch geschieht dies nicht zwangsläufig. Ob eine Hose gefüttert wird, ist abhängig vom Modell, vom verwendeten Stoff und auch von der Art der Versäuberung, denn die Innenseite einer Hose kann mehr oder weniger ordentlich aussehen.

Das Futter hat also eine praktische und eine ästhetische Funktion. Seine Form und der gewählte Futterstoff müssen an das jeweilige Modell und den verwendeten Oberstoff angepasst werden.

DIE WICHTIGSTEN MERKMALE DES FUTTERS

Die Art und Weise, wie ein Futter eingenäht wird, variiert je nach Modell und Stoff. Meist werden die Kanten des Futters beim Zusammennähen in der hinteren und vorderen Schrittnaht mitgefasst (**Bild 1**, rote Linien). Dagegen werden die Seitennähte für mehr Flexibilität an Futter und Oberstoff getrennt genäht. Nur selten wird das Futter auch in der Seitennaht von Hosen mit festgenäht; dies kommt manchmal an Hosenanzügen für Damen und an Herrenanzügen vor.
Damenhosen werden nur sehr selten vollständig gefüttert. In der Regel endet das Futter in Höhe des Oberschenkels oder noch höher, knapp unterhalb der Schrittlinie. Seine Funktion ist dabei, die entsprechende Partie blickdicht oder auch bequemer zu machen: Die Hosentasche wird zwischen Oberstoff und Futter angebracht.

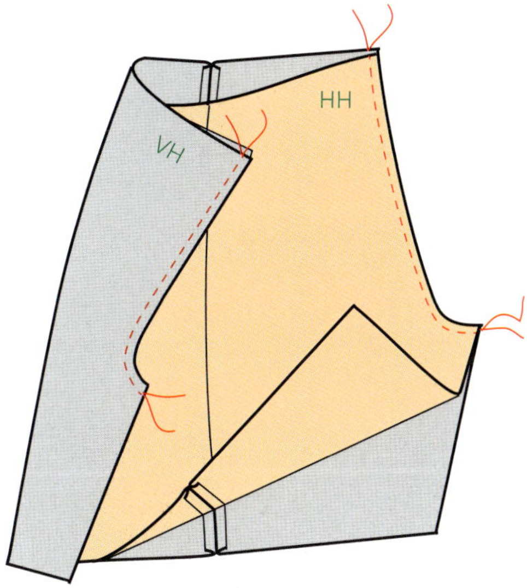

Bild 1

SCHNITTMUSTER DES FUTTERS

Im Gegensatz zum Futter an anderen Kleidungsstücken (Jacken, Mänteln, Röcken etc.), das etwas an das jeweilige Modell angepasst werden muss, wird das Hosenfutter im Prinzip nach dem gleichen Schnittmuster zugeschnitten wie der Oberstoff. Um Zeit zu sparen, kann man daher Futter und Oberstoff gleichzeitig zuschneiden.
Auch wenn man beim Zuschneiden des Futters also nichts Besonderes beachten muss, sind beim Zusammennähen einige Dinge zu berücksichtigen, die sich aus dem Unterschied zwischen den beiden Materialien ergeben.

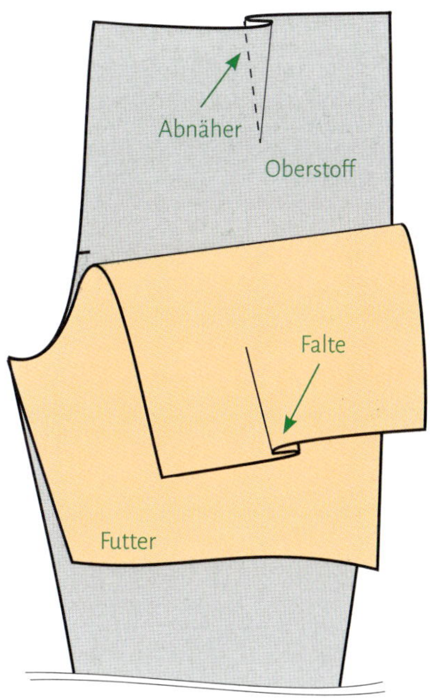

Bild 2

Das Futter ist eine exakte Kopie des Oberstoffs der Hose; daher liegen die Taillenabnäher beim Zusammennähen genau aufeinander. Damit sie nicht auftragen – vor allem bei dickem oder auch sehr fließendem Stoff – und um zu vermeiden, dass die Abnähernaht des Futters durch den Oberstoff sichtbar ist, wird der Taillenabnäher des Futters durch eine Falte mit identischem Inhalt ersetzt, die den Abnäher des Oberstoffs bedeckt (S. 123, Bild 2).
Der Futterstoff ist strapazierfähig und dicht gewebt; er reagiert daher auf die Körperbewegungen anders als der Oberstoff. Durch das Anbringen einer Falte anstelle des Abnähers bleibt das Futter beweglicher und kann sich dem Körper besser anpassen.

LÄNGE DES FUTTERS

Wie bereits gesagt, hat das Futter eine ähnliche Form wie der Oberstoff, wird jedoch in der Länge angepasst. In der Regel wird die Länge je nach der Qualität des verwendeten Oberstoffs festgelegt. Bei dünnem, transparentem Oberstoff endet das Futter z. B. oberhalb des Knies, bei Stoffen, die empfindlich sind oder sich leicht überdehnen und ausbeulen, reicht es bis unterhalb des Knies (**Bild 3**, blaue Linien). Es endet niemals direkt auf der Knielinie, da dies den Tragekomfort beeinträchtigen würde.
Ebenfalls störend kann es sein, wenn Futterstoff und Oberstoff unterschiedlich fallen. Die einfachste Lösung zur Verbesserung des Tragekomforts besteht hier darin, die Nähte von Futter und Oberstoff zu verbinden.
Dazu an einigen Stellen die Nahtzugaben von Futter und Oberstoff durch eine lockere, von Hand genähte Schlaufe verbinden oder ein kurzes Stück Band (3–5 cm) zwischen den beiden Nähten befestigen (**Bild 3**, in Grün). Dadurch werden Oberstoff und Futter auf einer Höhe gehalten, bleiben jedoch beweglich, sodass der korrekte Fall nicht beeinträchtigt wird.

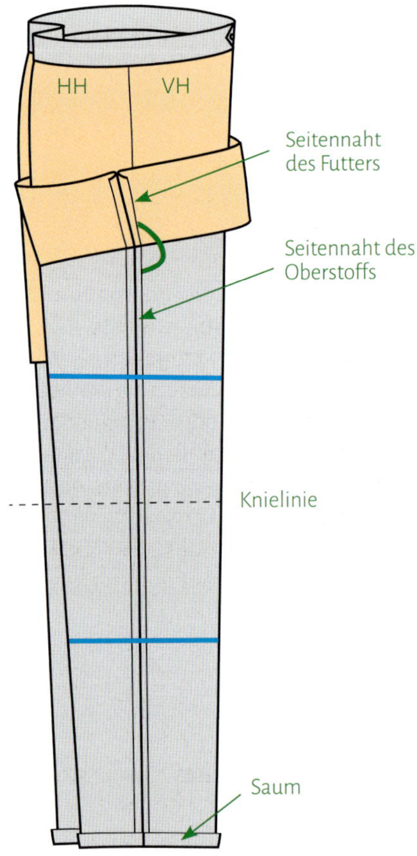

Bild 3

GLOSSAR

Abflachung – begradigte Partie an Stellen, an denen zwei schräge Linien aufeinandertreffen und eine Ecke bilden (z. B. am Brustpunkt). So wird verhindert, dass nach dem Zusammennähen eine Spitze oder „Tüte“ entsteht.
Angeschnitten – Die so bezeichnete Partie wird in einem Stück (nahtlos) mit einer anderen Partie des Modells zugeschnitten, im Gegensatz zu „angesetzt“. Ein Schalkragen ist z. B. ein angeschnittener Kragen.
Anpassen – Das Kleidungsstück an die individuelle Figur bzw. die Körperformen anpassen.
Aufschlag – an einer Kante angeschnittenes oder angesetztes Stoffstück, das auf die rechte Stoffseite umgeschlagen wird (z. B. am Saum einer Hose).
Ausstellen – allmähliches Erweitern einer Partie durch Schrägstellen der Linien (z. B. ausgestellte Hosen, Röcke oder Ärmel).
Beleg oder Besatz – auf der Innenseite angenähte Partie mit der gleichen Kantenform wie der Oberstoff, zur Verstärkung einer Partie oder für einen sauberen Kantenabschluss.
Besatz – *siehe* Beleg.
Beschriftung (eines Schnittmusters) – exakte Bezeichnungen des Schnittes und der einzelnen Schnittteile: Vorderteil, Ärmel, Kragen, Tasche, Passe ...
Bolduc-Band – dünnes, schmales Markierband, in der Schnittentwicklung zur Kennzeichnung der benötigten Konstruktionslinien an der Schneiderbüste verwendet.
Bruchkante/Umbruchkante – *siehe* Stoffbruch.
Einkerben – Nahtzugaben an Rundungen einschneiden oder an Ecken schräg abschneiden, damit der Stoff nach dem Wenden glatt liegt und nicht aufträgt.
Einlage – mehr oder weniger steifer Webstoff oder Vlies, mit dem ein Modell (oder eine Partie) auf der Innenseite verstärkt wird, damit es die Form behält.
Einsatzzeichen – Knips/kleine Kerbe am Rand eines Schnittteils zur korrekten Positionierung eines Schnittteils beim Zusammennähen (z. B. Vorder- und Rückseite eines Ärmels).
Fadenlauf – an Webstoffen die Fadenrichtung parallel zur Webkante (Längsrichtung des Gewebes).
Fall – Sitz des Kleidungsstücks am Körper; Resultat eines guten Schnittes (Zuschnitt im Fadenlauf oder Schrägschnitt).
Heften – Teile eines Modells provisorisch mit Vorstichen (Heftstichen) von Hand zusammenfügen.
Hosenausschnitt – vorderer und hinterer Hosenausschnitt. Linie zwischen der rechten und linken Hüftpartie, von der hinteren Mitte der Taille über den Schritt zur vorderen Mitte der Taille (*siehe* auch Schrittnaht).
Hosenbruch (an der Hose) – Bügelfalte; eingebügelte Falte für eine elegante Optik. Zeigt auch den korrekten Fall des Stoffes an.
Hosenbruch (auf dem Schnittmuster) – senkrechte Linie, die zum Einzeichnen der am Körper gemessenen Maße oder der Standardmaße benötigt wird.
Im Stoffbruch – Die Mittelachse eines Schnittteils wird zum Zuschneiden an die Umbruchkante eines Stoffes angelegt.
Kette – an einem Webstoff die parallel zur Webkante verlaufenden Fäden.
Knopfleiste – an einer oder beiden Kanten einer (Schlitz-)Öffnung angeschnittene oder angesetzte Stoffpartie, an der Knopflöcher und (gegenüber) Knöpfe angebracht werden können.
Knopfloch – paspelierter oder umstochener Einschnitt im Stoff, durch den der Knopf geschoben wird.
Kurvenlineal oder Kurvenschablone – gebogenes Lineal zum Zeichnen von Kurven.
Lot (im Lot) – Ausgewogenheit in der Konstruktion eines Modells hinsichtlich des Fadenlaufs (Kette – Schuss), der lotrecht zum Boden sein muss.
Mehrweite oder Weitenzugabe – auch Bewegungszugabe oder einfach Zugabe. Am Grundschnitt hinzugefügte Weite, die dazu dient, den Tragekomfort oder die Optik eines Kleidungsstücks zu verbessern.

Nessel – Stoff, der zum Drapieren/Modellieren an der Schneiderbüste verwendet wird.
Paspel – schräg zugeschnittener Stoffstreifen, mit dem z. B. Knopflöcher oder Taschenöffnungen in einer Teilungsnaht eingefasst werden.
Passe/Sattel – Mit einer Naht an ein Kleidungsstück angesetzte Partie zu dekorativen Zwecken oder für einen gewünschten Stil (z. B. Schulterpasse).
Passzeichen – Knips/kleine Kerbe am Rand eines Schnittteils für exaktes Zusammennähen benachbarter Teile, um die Ausgewogenheit der Konstruktion bzw. den guten Sitz eines Modells zu bewahren.
Saum – Kantenabschluss, bestehend aus einem einfachen oder doppelten Stoffumschlag auf die Innenseite.
Schlaufenverschluss – kleiner Ring aus geflochtenem Garn oder Stoff an einer Kante gegenüber einem Knopf.
Schneiderbüste (oder Schneiderpuppe) – dreidimensionale Nachbildung des Oberkörpers mit Standardmaßen; Grundlage der Schnittentwicklung durch Drapieren (Modellieren mit Nesselstoff).
Schnürverschluss – Verschlusssystem, bei dem eine Schnur durch zwei an gegenüberliegenden Kanten angebrachten Reihen von Ösen gefädelt und festgezogen wird.
Schrägschnitt – Zuschnitt im 45°-Winkel zum Fadenlauf (Winkelhalbierende des von Kett- und Schussfäden gebildeten rechten Winkels). NB: unechter Schrägschnitt (*Faux Biais*) – schräger Zuschnitt in anderem Winkel als 45°.
Schritt – Partie einer Hose, an der die Schrittnaht und die Innenbeinnähte aufeinandertreffen (zwischen den Beinen).
Schrittnaht oder Kreuznaht (*siehe* auch Hosenausschnitt) – Linie zwischen der rechten und linken Partie einer Hose, von der hinteren Mitte der Taille über den Schritt zur vorderen Mitte der Taille.
Schuss – an einem Webstoff die senkrecht zur Webkante verlaufenden Fäden (Querfadenlauf).
Sitzhöhe oder Leibhöhe (Hose) – äußere Länge des Körpers von der Taille bis zum Schritt.
Stoffbreite – Breite des Stoffes, zwischen den beiden Webkanten gemessen.
Stoffbruch oder (Um)bruchkante – Kante, an der eine Stoffpartie umgefaltet wird (z. B. Kragenrevers).
Taillieren – Reduzieren der Weite auf Taillenhöhe durch das Anbringen von Abnähern.
Teilungsnaht – Schnittlinie bestimmter Form zu dekorativen oder technischen Zwecken (z. B. Formgebung).
Über-/Untertritt – Stoffzugabe z. B. an der vorderen Mitte zum Anbringen eines Knopfverschlusses / einer Knopfleiste mit Knöpfen und Knopflöchern.
Untertritt – Element eines Verschlusses (Hosenschlitz, verdeckte Knopfleiste); angesetzte Partie, die von der rechten Stoffseite aus nicht sichtbar ist (Gegenstück: Übertritt).
Volumen – über die notwendige Weite hinausgehende zusätzliche Weite für einen besonderen Effekt oder für eine besonders legere Passform eines Modells.
Webkante – feste Kante des Stoffes, die durch den Richtungswechsel der Schussfäden entsteht.
Weitenzugabe – *siehe* Mehrweite.

Abkürzungen

HH – Hinterhose
HM – Hintere Mitte
VH – Vorderhose
VM – Vordere Mitte

Auch im Stiebner Verlag erschienen

Stefanie Kroth

Der perfekte Blusen-Schnitt

Innovative Schnittmuster erstellen

1. Auflage, 144 Seiten

Format: 21,0 × 26,0 cm,

Softcover

€24,90 [D] – € 25,60 [A]

ISBN 978-3-8307-2083-6